戴璐 上海理工大学附属小学教导主任,第三期"上海市普教系统名校长名师培养工程"德育二组学员、杨浦区德育学科带头人、杨浦区小学班主任教研中心组成员。曾荣获上海市第二期"普教系统优秀青年教师"、上海市"百优"班主任、上海市中小学心理"青年先进"、杨浦区优秀辅导员等荣誉称号,辅导的彩蝶中队获2014学年度"上海市快乐中队"称号。

"德润生命"系列丛书　◎黄静华　戴耀红　主编

我与班级心理辅导

戴璐 著

同济大学出版社

内容提要

本书是基于"我与班级心理辅导"这门课程的思考和研究,以了解当前小学生身心特点和成长需求为前提,以建立和谐的师生关系为重点,以全体学生为对象,以班级活动为主要形式,以助人自助为策略的理论和实践相结合编写。小学班主任通过理论学习和实践能够有助于提升自身心理素养,了解小学生的心理特点,初步掌握班级心理辅导的技巧,巧妙地将心理元素融入班级管理与建设、班级活动与运作中,并拥有良好的心育素养。

本书既可作为小学班主任、初职教师和新班主任专业发展的参考用书,也可作为师范专业学生或专业学位学生的参考用书。

图书在版编目(CIP)数据

我与班级心理辅导/戴璐著.--上海:同济大学出版社,2017.4
(德润生命系列丛书/黄静华,戴耀红主编)
ISBN 978-7-5608-6815-8

Ⅰ.①我… Ⅱ.①戴… Ⅲ.①小学生—心理辅导 Ⅳ.①G479

中国版本图书馆CIP数据核字(2017)第058234号

我与班级心理辅导
戴璐 著

责任编辑:丁会欣
责任校对:徐春莲

出版发行　同济大学出版社　www.tongjipress.com.cn
　　　　　(地址:上海四平路1239号　邮编:200092　电话:021-65985622)
经　　销　全国各地新华书店
印　　刷　常熟市大宏印刷有限公司
成品规格　145mm×210mm　1/32
印　　张　4.25
字　　数　114000
版　　次　2017年4月第1版　2017年4月第1次印刷
书　　号　ISBN 978-7-5608-6818-8
定　　价　28.00元

总　序

爱泽教育　德润生命

　　五年，对一个教师来说，差不多是六分之一的职业生涯时光。五年来，每月两次的周二之约成了第三期"上海市普教系统名校长名师培养工程"德育二组学员心系不变的守望。作为主持人，我们感怀16位学员对我们的信任，对德育工作的热爱，对专业发展的渴望，对教育事业的执着，所以我们不敢懈怠，努力设计好每一次活动，精心准备好每一个讲座，尽力使学员有所收获成为我们的追求。

　　基地学员来自于10个区（县），他们中有学校书记、副校长、德育主任、大队辅导员、班主任以及区（县）德育研究员等德育工作者，涉及小学、初中、高中、职校各学段，角色的多样虽成为培训的难点，但也是全方位开展德育实践研究的优势，我们从大德育视角确立了"德润生命，牵手共进"的基地培养特色。

　　德润生命，是润泽师生共同的生命。"善滋生命，德润人生"，在回归教育本原思想的引领下，通过丰富的文化教育、真实的实践体验滋润师生成为精神丰盈的人。

　　牵手共进，是在上海基础教育高位均衡发展目标的指引下，我们不仅追求导师与学员、学员与学员的牵手，润泽学员的生命；更是意味着我们与城乡乃至祖国边远地区教师、学生的牵手，润泽师生的生命。

本着在成事中成人的培养理念,我们将培养好一支德育学科领军人物和建设好德育学科高地为己任,通过共同聚焦当前学校德育中的热点与难点问题,在一个个基于德育实践问题研讨与解决的过程中,不断激发团队内驱,凝练集体智慧,助力学员成长。为此,基地将培养目标具体概括为"三出":一是出人才,培养具有专业特长的一支德育名师队伍;二是出经验,形成具有普遍意义和辐射示范作用的基地培养特色;三是出成果,出版一批对德育学科建设有新促进、新提高的德育著作。

五年,我们怀揣着"德润生命,牵手共进"的梦想,肩负着"努力将基地打造成'共同体、孵化地、辐射场',真正成为德育学科建设高地"的使命,一路携手走来,风雨同舟,砥砺前行,共同成长。我们建班立制,设计LOGO,凝聚力量;我们走近名师,聆听报告,丰厚学养;我们访学考察,专题研究,拓展视野;我们牵手农村,倾情支教,引领辐射。

学本课堂:润泽生命的教育本真。"以学为本,因学论教"既是我国古代教学思想之精华,又是当代各教学改革流派的共同特征。学本课堂不仅是学科知识的传授,也是教师职业道德实践的主阵地,更是润泽学生生命教育本真的体现。学本课堂坚持为"主动学"而教、"以需求为导向"。为了让学生学习方式由被动向主动转型,必须尊重学生的生命本体,为学生会学、乐学、善学而设计课堂教学,并以促进学生的幸福成长和终身可持续和谐发展为归宿。因此,学本课堂首先是、也理应是德润课堂。我们先后组织学员到上海市西中学、南京行知小学、珠海容闳书院等二十多所德育特色名校进行访学考察。这些学校的先进教育理念,如三格三雅、生活教育、绿色德育、性别课程等体现了教育的本真,拓宽了学员们的教育视野,丰富了"德润生命"的教育理念。

实践成长:温润心中的教育梦想。基地是学员实践、成长的摇篮。我们先后在崇明、奉贤、青浦、松江、浦东新区、黄浦等区举行了七次

展示活动,有效促进了学员的专业成长。2014年6月,"德润童心,梦想同行——孙丽萍建班育人经验交流研讨"展示活动在北蔡镇中心小学举行,学员孙丽萍成功展示了一堂三年级主题教育课"友情树",基地学员集体备课、与专家共同研磨、课后反思的研究模式,切实提高了全体学员建班育人的能力和水平。学员董雪梅老师通过在基地的学习实践,将自己的班主任工作汇编成《点亮心灯——一个班主任的心育历程》一书,2016年5月,精彩而隆重的新书首发仪式,既展现了董老师在基地学习中不断实践成长、实现教育梦想的心路历程,又体现了团队合作的力量和分享的幸福。

引领辐射:润养专业的多维平台。外驱力和内生力是教师专业发展的两大动力系统,其中,根本性的动力是教师自我发展的更新意识与行动。双名基地的学员,是学科教育领域中的骨干教师,如何寻求成长的突破,实现"二次成长",我们搭建多维平台,组织开展了系列示范教学与辐射引领活动,在实践中实现几成长。我们组织学员先后赴云南、贵州、西藏等边远地区开展义务讲学活动。特别在西藏江孜的讲学中,学员们克服了严重的高原反应,以精彩的主题班会和专题讲座展现了上海名师后备的专业水平和敬业精神,赢得了当地老师的高度好评,被赞誉为"来自上海的格桑花"。基地还组织学员与崇明、奉贤等新农村学校开展"德润生命"牵手活动。学员们通过专题讲座、课堂展示、主题研修等形式,为新农村学校教师传经送宝,实现共同发展。为进一步拓宽学员成长的路径,拓展基地辐射功能,基地组织学员进行"新时期职初班主任工作入门"微视频课程制作,此课程被列为上海市教师培训市级共享课程。学员们在丰富多元的互动中实现德润生命,专业共进。

五年,我们的团队取得了丰硕的成果。课题研究、专著出版、论文发表、课堂展示、培训讲座、教师培训课程开发等一项接一项的成果纷至沓来，16位学员共获得区县级及以上荣誉157项。孙丽萍老师以对班主任工作的满腔热情和独到的教育智慧，被评为2013年度上海市教书育人楷模；宋蕾老师坚守崇明，开展了大量富有学校特色的少先队活动，被评为2013年度全国优秀少先队辅导员；蒋雯琼、丁馨、叶莺三位学员成立了上海市中小学班主任带头人（少先队）工作室，她们将为人、为学、为师的体悟如薪火般传递给青年教师，为上海的教育事业悉心培养新人；学员戴璐、董雪梅、施建英、丁馨、张春燕、吴亚军、孙铁、王伟杰、郭春飞等获区县德育学科带头人或德育名师称号；基地六位中学一级教师全部晋升为中学德育高级教师。董雪梅、丁馨、吴亚军、孙丽萍、郭春飞等出版了个人专著。

一个人走，走得快；一群人走，走得远。集全体学员学习研究成果的《德润生命》教育丛书出版了，在这套书里，我们可以读到优秀教师的成长心路，知道优秀是如何修炼而成的；在这套书里，我们可以读到优秀教师与学生交往的秘籍，学会与学生的相处之道；在这套书里，我们可以读到优秀教师如何教怎样研的，懂得行为规范的教育方法、心理健康的辅导艺术、少先队活动课的奥秘、主题班会的学问、"赏识激励"和"生长德育"的力量。

培训总有结束的时候，而学习是终身的功课，我们有幸与学员们在他们事业不断成熟和发展的时候相遇，我们期盼学员们会带着名师基地的能量创造更好的未来。

但愿《德润生命》是学员们给自己职业生涯最好的礼物，也是我们五年牵手共进最好的纪念。

黄静华　戴耀红
2017年2月

目 录

总序

第一篇 我的角色我思考——小学班级心理辅导认识……11
    一、一个陌生而新奇的概念……11
    二、我曾经忽略的那些现象……16
    三、催生我成长的力量……21
    四、班主任角色升级更新……25

第二篇 我的班级我辅导——小学班级心理辅导实施……31
    一、我的追求……31
    二、我的策略……34
    三、我的准绳……38
    四、关注需求……42
    五、规划路径……48
    六、辅导妙招……57

第三篇 我的辅导我设计——小学班级心理辅导集锦……61
    一、辅导活动方案……61
    二、辅导活动实录……79
    三、团体辅导教案……82

第四篇　我的幸福我追求——小学班主任的心育素养……111
　一、我的问题我找寻……………………………………………………111
　二、我的心境我调养……………………………………………………119
　三、我的素养我提升……………………………………………………130

参考文献………………………………………………………………135
后记……………………………………………………………………137

第一篇　我的角色我思考
——小学班级心理辅导认识

　　我做小学教师已有22个年头了，从事班主任工作也有21年了，我真切地感受到班中的每一个孩子都是鲜活的生命，都是与众不同的个体。如何关注到每个孩子，让他们在集体中得到更好的发展，一直是我的追求和梦想。2007年，我有幸参加了上海市学校心理健康教育教师培训，全面系统地学习心理学及其在教学中的应用，感受到它带给我的那份神秘与美妙。回到学校，我尝试着将所学的心理学知识、心理辅导技术融入班级管理中，注重育人的平台建设，关注个体的独特成长，引领群体的互助发展，陪伴着孩子们健康、快乐、自由、不一样的成长。作为班主任，我深深感到班级心理辅导在班集体建设中的意义，我愿意和同行们分享我的实践经验和体会。

一、一个陌生而新奇的概念

　　"心理辅导""团体辅导"相信大家对它们一定不陌生吧！那你对"小学班级心理辅导"这个概念又了解多少呢？在这之前我对它也是一知半解，直到有一天我遇上了《班级心理辅导》一书，才对它有了丝丝了解，并引发了我边学习边实践的欲望。下面就请大家随着我一起走近它。

心理辅导 是指心理辅导者与受辅导者之间建立一种具有咨询功能的融洽关系，以帮助来访者正确认识自己，接纳自己，进而欣赏自己，并克服成长中的障碍，改变自己的不良意识和倾向，充分发挥个人潜能，迈向自我实现的过程。

进行心理辅导的工作者我们称为"心理咨询师"，他们是运用心理学以及相关学科的专业知识，遵循心理学原则，通过心理咨询的技术与方法帮助求助者解除心理问题的专业人员，他们咨询的对象是全体社会人。作为一名心理辅导工作者，建立和健全心理保健体系，维护对方积极向上的心理状态是义不容辞的责任和义务。

学校心理辅导 是指在一种新型的建设性的人际关系中，学校心理专职教师运用其专业知识和技能，给学生以合乎其需要的协助与服务，帮助学生正确地认识自己，认识环境，依据自身条件，确立有益于社会进步与个人发展的生活目标，克服成长中的障碍，增强与维持学生心理健康，使其在学习、工作与人际关系各个方面有良好的适应。

学校心理辅导工作一般是由学校里的专职心理老师担任，他们大多具有心理学专业的资格证书。他们会在心理咨询（辅导）室里通过团体辅导、个别咨询、心理行为训练、开设热线电话等形式，对在校学生的心理行为问题给予指导，帮助他们排解心理困惑。

"小学班级心理辅导"对大家来说一定是一个陌生而新奇的概念，我也不例外，带着这份好奇，我翻阅相关书籍，上网查阅资料。慢慢地，我了解到，学校心理健康教育工作的兴起，唤起了越来越多的小学生对自身心理问题的关注，他们渴望有更多的老师来关心其心理发展。在这种情况下，教师们也责无旁贷地加入心理健康教育工作之中，对班级心理辅导做了一些实践探索。

在研究了相关资料后，我发现专家对班级心理辅导的观察点各不相

同。上海市教育科学研究院普教研究所教育心理研究室主任、中小学心理辅导协会理事长吴增强教授从概念出发，认为班级心理辅导是以团体动力的理论和团体心理辅导的技术为基础，以解决学生成长过程中的共性问题为目标，以班级为单位开展的一种心理辅导活动。[1]卓淑瑾在《如何开展班级心理辅导》一文中对班级心理辅导也阐述了自己的观点：班级心理辅导是以全体学生为对象，以学生情况和需要为前提，以学生为中心，以讨论、调查、访问、表演为形式，采用了解自我、了解环境，取得自我与环境之间的适应为目标的活动方式。[2]廖凤池认为，班级辅导是以班级为单位，以学生为中心，以学生发展性的问题为主要内容，对全班学生所进行的团体辅导。有些专家将发展性辅导定义为透过班级辅导以提供学生发展阶段所需的技巧和能力。

有的研究人员着眼于班级心理辅导的需求，江苏技术师范学院心理教育研究所张冬梅在《大学班级心理辅导活动的设计与评价》一文中写道：大学班级心理辅导是高校心理辅导由补救性辅导向预防性、发展性辅导的转变，是高校开展心理辅导的有效途径；对大学班级心理辅导活动进行科学设计，建立大学班级心理辅导活动的评价体系，对增强大学班级心理辅导的实效性具有重要意义。[3]钟志农在《班级心理辅导必须注意的六个问题》一文中写道：以班级为单位的团体心理辅导已经成为学校发展性心理健康教育的主要形式。[4]徐丹露在《班主任工作与班级心理辅导结合的实践》一文中写道：青少年学生心理问题的日益突显，单靠少数心理老师已不能满足当前学校心理健康辅导的需要。在新形势下，时代呼吁另一种更有效的学校心理健康辅导模式的到来——以班级为单位、以班主任为主导的班级心理健康教育模式。[5]

还有的研究人员从班级心理辅导的目标出发，张冬梅，罗胜利老师在《班级团体心理辅导实施中的问题与思考》一文中写道：班级团体心理辅导是以班级为单位的集体心理辅导活动。它借鉴团体心理辅导的理论与技术,以班级团体的力量与资源影响学生的心理与行为,解决学生成长中的问题,预防心理问题的发生,促进学生心理的健康发展,增强学生对社会的适应性。班级团体心理辅导是一种具有中国本土化特色的团体辅导方式,其理念与操作方法有别于团体辅导,在实施的过程中,既要借鉴西方的团体辅导理论,也要结合中国班级授课制的特点。[6]卓淑瑾在《如何开展班级心理辅导》一文中写道:班级是学校实施教育教学工作的基本组织,也是学校德育工作和心理健康工作的前沿阵地。班级心理辅导容易为学生所接受,它有利于心理健康知识的普及,增进学生的心理健康和社会适应能力;有利于促进班级内部的交流,增强同学之间、师生之间的相互理解和信任,提高集体的凝聚力;有利于改善传统教育中的"说教"现象,激发学生参与活动、自我教育的积极性。[7]也有专家认为,以发展行为导向的班级辅导是经由系统的、持续计划的人性教育方案,以提供一个完整情感与认知学习经验的环境,其目的在于提供资讯以预防产生发展性问题,在团体领导者带领下,透过班级团体互动,以协助学生探索和发展需求有关的想法、感受和行为。

根据以上相关研究,结合当下小学教育教学模式体制,我认为,小学班级心理辅导应该是依据教育学、心理学和社会学原理,以班级为单位,在特有班级文化背景下,针对不同学生年龄特点和成长发展的群体心理需求,由班主任组织、设计、指导、开展实施的一种心理辅导活动。

在日常的班级管理中,我经常会通过班级心理辅导来实现育人目标。说到这儿,相信大家和我一样,脑海中会闪现出这样一些疑问:小学班级心理辅导有哪些特点呢?它究竟与班级主题活动、团体心理辅导和心理辅导课程又有哪些区别呢?

小学班级心理辅导不同于一般的班级主题活动

区别一：班级主题活动的范围比较广泛，包括德育、智育、体育活动和社会实践活动……而小学班级心理辅导的范围比较集中，主要围绕学生的心理健康。

区别二：设计小学班级心理辅导活动需要有系统的心理辅导理论框架和专门技术的支持，而设计班级主题活动不一定要有理论结构。

区别三：小学班级心理辅导往往是以学生的成长需要为出发点，并以此作为活动主题，如学习困扰、人际交往问题、青春期问题……班级主题活动则既可以围绕学生个人，也可以围绕社会，由于它是学校德育的一种形式，故往往更具有社会取向。

小学班级心理辅导不同于团体心理辅导

区别一：虽然班级心理辅导要以团体心理辅导理论为依据，但两者在形式上有很大的不同。团体心理辅导的规模比较小，一般在6~12人之间，团体成员的构成可以是同质的，也可以是异质的；班级心理辅导是以班级为单位，规模比较大，成员不可能是同质的。

区别二：从辅导目标来看，团体心理辅导可以是发展性的，也可以是矫治性的；小学班级心理辅导则主要是发展性的。

区别三：从辅导者来看，团体心理辅导一般需要专业人员来承担；而小学班级心理辅导一般是由受过一定培训的班主任来承担。

小学班级心理辅导不同于心理辅导课程

区别一：从内涵上来看，心理辅导课程具有系统性、递进性、完整性；小学班级心理辅导则具有针对性、及时性、教育性。

区别二：从空间上来看，心理辅导课程是以"课"的形式对全班进行心理辅导，而小学班级心理辅导可以在课堂进行，也可以在课堂以外进行，在空间上更为灵活。

区别三：从时间上来看，心理辅导课程是在固定的时间上固定的内容，而小学班级心理辅导则可以针对学生实际需要展开辅导，可以是一堂课，也可以是一个系列。

二、我曾经忽略的那些现象

> 五年的小学生涯，学生们共同学习、共同生活，他们在成长发展过程中势必会出现一些群体心理需求，存在一些共性问题或困惑。而在以往的班级管理中，作为班主任的我往往习惯用道德、行为规范的要求去要求他们，用道德和行为规范的教育方式去教育他们，很少从心理角度去分析、去引导，并开展相应的群体性心理辅导。如有心理辅导，也只是针对个别学生进行。
>
> 亲爱的伙伴们，在你的班级管理中是否也难觅"群体心理辅导"的踪影呢？让我们先来了解一下小学生共同的心理特点。

爱从众

所谓从众，是指个人在真实的或臆想的群里的舆论压力下，在认识和行动上不由自主地趋向于跟大多数人相一致的心理现象。

从众心理人皆有之，小学生也不例外，由于他们的年龄尚小，心智不成熟，因此，独立性较差，判断能力和辨别是非的能力还不够完善，普遍具有缺乏主见，易受暗示的特点。在集体生活中，从众的经历让很多学生感受到：当个人的想法或做法跟身边的伙伴们相同时，就会受到大家欢迎，会让自己觉得很舒服，并产生安全感。不然就会被冷落、排挤，甚至

被孤立起来，没有归属感。

从众是一种很正常的心理，但有些时候，部分学生在遇到对事物的判断或是具体事件时，即使感受到有一丝丝的不妥，因为从众的惯性思维，使他们判断力下降。并且由于他们的年龄特点，平日比较依从于父母、长辈的教导，缺乏独立的人格、自我意识，会不加分析地接受别人意见，放弃自己真正的想法。久而久之，抑制了学生个性发展，束缚了他们的思维，扼杀了他们的创造力，使他们变得没有主见和墨守陈规。

当班主任发现学生因为盲从给自己和他人带来不良后果时应该加以正向、适时引导，努力培养和提高学生独立思考和明辨是非的能力。通过班级心理辅导，帮助学生在遇事和看待问题时，既要慎重考虑多数人的意见和做法，也要有自己的思考和分析，从而做出正确的判断，并以此来决定自己的行动，从而避免对自己、对他人造成伤害。

爱依赖

所谓依赖，是指依靠别人或事物而不能自立或自给。

刚出生的婴儿需要依靠父母、长辈的呵护照料才能健康成长，因此这份依赖是孩子们成长过程中的必需。随着年龄增长，孩子们的心智仍不成熟、能力还较弱，依然需要依赖家长、老师帮助他们具备独立生活的知识和技能。我们在幼儿园、小学低年级经常会发现孩子们下课后围在老师身边和老师聊天，有的学生还会模仿老师的字体、走路的样子、说话的口气……作为班主任的我们可以较好地利用这种强烈的向师性，拉近彼此之间的距离，在班级心理辅导中共同参与创设一个健康的、轻松的心理环境，建立和谐的师生关系，从而促进班级管理的有效。

与此同时，现今社会中大多数家庭里都是独生子女，有部分父母常常把孩子视为"小皇帝""小公主"，特别是小学生长期生活在父母和老人的百般呵护，甚至是溺爱下，过着衣来伸手、饭来张口的生活，与之年龄相匹配的能力发展受到了阻碍。进入小学后，有许多事情需要孩子们自己来处理，如整理书包、穿雨衣、端餐盘……那些依赖性强的孩子入学不适应现象就会凸显出来。这些过度依赖问题若不能得到及时解决，就会影响学生智力的发育和性格的形成，乃至身心健康的全面发展。

班主任老师一方面可以及时与家长沟通，让家长意识到过度依赖对孩子成长不利，同时辅导家长能够相信孩子，舍得"用"孩子，不要包办代替，适度放手能使学生的自主意识得到发展。另一方面，班主任可以通过班级心理辅导鼓励这些孩子在班级里寻找自己力所能及的小岗位，可能一开始他们不能胜任，需要老师给予必要的指导，多鼓励、多表扬，以此增强他们的自信心和责任感。还可以通过创设情景，让学生体验挫折、坎坷，鼓励他们迎难而上尝试自己去解决问题。

爱模仿

所谓模仿，是指没有外在压力条件下，个体受他人的影响仿照他人，使自己的行为与他人相同的现象。

小学生活泼好动，天生就喜欢模仿。他们经常喜欢模仿父母、同学及周围其他的人，还喜欢模仿电影、电视和故事里的人物，更喜欢模仿他们所尊敬和喜爱的人物的举止言行。模仿是学生学习别人言行的重要形式，模仿能帮助他们建立更好的人际关系，相对快地融入同质群体中。

由于小学生认知水平有限，他们往往是在向别人学习的过程中成长，处在这个阶段的他们好奇心强，模仿性强，可塑性强，然而由于心理尚未成熟，辨别是非能力不强，所以往往不能甄别哪些可以模仿，哪些不可以模仿，很容易受到不良风气的影响。

此时，作为班主任必须顺应学生的心理特点和发展规律，通过开展班级心理辅导活动，对学生的模仿行为进行积极引导，教会他们如何正确的模仿，引导学生克服模仿中的盲目性。抓住小学生模仿性强这一特点，把学生从无意识的模仿引导到有意识的模仿，引导他们学习和趋同模仿对

象。抓住小学生感性模仿较强，理性模仿较弱的特点，引导他们模仿榜样的内在本质特点，使学生将模仿对象的品质融入自己的特质中。

自我中心

"自我中心"是皮亚杰提出的心理学名词，指儿童在前运算阶段（2—7岁）只会从自己的立场与观点去认识事物，而不能从客观的、他人的立场和观点去认识事物。

婴儿在0—2岁时拥有一种天然的"自我中心"，本能地认为自己就是世界的中心，饿了就要吃，哭了就要抱……这个时候成人无论怎么满足他们的需要都不会犯大的错误，反而会让他们觉得很舒服、很安全，并茁壮成长。

从2岁开始，孩子需要在自我探索中打破自我中心，但是很多做父母的一味溺爱孩子、放纵孩子，导致他们在探索的过程中没有遭遇到应该有的屏障、挫折，无法走出自我中心的定式。

在小学中，我们不难发现有些学生过分自私、任性、不合群、容易嫉妒……不懂得去关心他人，爱护集体。面对这样的孩子，一方面班主任老师要积极地与家长联系沟通，引导家长认识到溺爱和放纵不是爱孩子的正确的方法，反而阻隔了他们健康成长的权利。另一方面，通过班级心理辅导让孩子体验挫折、关爱他人、关心集体的经历，让孩子能够走出自我中心的"牢笼"，会爱自己，也会爱别人，更会爱集体。

长期从事小学教育教学工作的我深深感受到：这个阶段是小学生长身体、长知识、长智慧的时期，也是其道德品质与世界观逐步形成的时期。他们面临着生理与心理上的急剧变化，加之紧张的学习，很容易产生心理上的不适应。

愿望与心理准备不足的冲突

几乎每个小学生都有美好的愿望，对未来充满憧憬和向往。他们幻想做一个有学问、受人尊敬的人，而实际上他们往往学习不努力，过一天算一天。虽然他们的愿望是美好的，但追求的全是实现理想后的种种荣誉与享受，而对实现理想需要从现在做起，需要付出艰辛的劳动，却想得不多，做得不够，形成了美好愿望与心理准备的矛盾。

情感与理智的不协调

小学阶段的学生容易动感情，也重感情。一方面，他们充满热情和激情；另一方面，他们的情感又极易受外界影响，易冲动。他们对自己喜欢的事积极性高，不感兴趣的事避而远之。这说明他们的情绪、情感处于大起大落的两极状态，而难以及时地用理智控制。

进取心强与自制力弱的矛盾

小学阶段的学生大部分是有积极向上的进取心的，这与他们求知欲、自尊心和好胜心强是分不开的。但他们思考问题不周密，往往带有浓厚的感情色彩去看待周围的人和事，因而有时片面坚持己见，对教师的要求，合乎己意的去办，不合己意的就拒绝或"顶牛"，不能控制自己，凭冲动行事，事过之后又非常后悔。这一切都说明他们意志品质的发展还不成熟，自制力、控制力不强。

在班级集体中，个性心理的差异及不适应

在一个班级集体中，学生不完全是同质的，一定是异质的。每个人由于家庭环境的不同，身心发展或者发育程度不一样……正是因为有了这样的差异，所以每个人在班级集体中的适应性就会有所不同：如有些学生的心理成熟度和班集体是同步的；有些是超前的，也就是人们眼中的"小大人"，有时他们也会被大家所不接收；有些则是滞后的，心智年龄很小，在集体中显得很不适应。

三、催生我成长的力量

关注了曾经被我忽略的那些现象后，我依据教育学、心理学和社会学原理，去了解小学生心理不适应产生的原因，根据他们不同需求，尝试开展了一系列的班级心理辅导活动，在帮助塑造学生的完整人格的过程中，探索班级管理的有效性。

现行的学校教育存在许多压抑学生自主发展的弊端。例如，学科取向的课程体系强调系统的学科知识体系、划一的教学目标，难以顾及个体发展的差异性和特殊需要；德育工作过分倚重灌输和说教，难以将道德规范内化为学生的信念和行为。

小学班级心理辅导的目的是以学生发展为主，矫治为辅，着眼于提高全体学生的心理素质，促进他们的心理健康发展。它充分体现了以学生发展为本的现代的、科学的、新的教育理念，关注学生不同需求。

小学班级心理辅导的本质特点是强调辅导过程是学生主动进行自我探索的过程，是以个体发展的取向为主，以个体的经验为载体，以活动为中介，通过学生的参与、体验和感悟，帮助学生认识自我、探讨自我、接纳自我，调整改善与他人的关系，学习新的态度与行为方式，以达到良好的适应和开发内部潜能的助人过程。

师生关系是指教师和学生在教育、教学过程中结成的相互关系，包括彼此所处的地位、作用和相互对待的态度等。众所周知，学生的心理发展

> 在开展的一次次班级心理辅导活动中，我发现，它不仅帮助学生更好地认识自我、悦纳自我，改善与他人的关系，塑造他们的完整人格，同时，还建立和谐的师生关系。

处于人生发展中的重要时期。一方面，他们的认识、情感和意志等心理上的种种矛盾、困惑和斗争，会产生这样那样的心理问题；另一方面他们的年龄尚小，生理和心理的发育尚不健全和成熟，需要得到班主任的指导和帮助。

对于学生来讲，班主任往往是他们心理成长中的"重要他人"。他们渴望得到班主任的注意、重视、关怀和鼓励，希望班主任能够热情、认真地教育他们。班主任的一句话、一个眼神甚至一个无意的动作都可能在他们心理上掀起阵阵波澜。在小学开展班级心理辅导活动中，作为最基本、最重要的师生关系正在悄悄地发生着改变。

我们知道，空间位置与人交往的频度、程度乃至可能性，有着极其微妙的关系。辅导活动中打破原有"秧田式"的座位空间，师生围坐在一起，让小学生围坐在班主任身边，改变教师"居高临下"的地位，创造一种有利于学生与班主任直接对话的轻松愉快的活动气氛。

同时，班主任不再用居高临下的态度对学生发号施令，和学生在人格上更加平等了。师与生就像大小朋友，甚至是伙伴的关系，淡化教师训导者的形象，班主任作为普通一员加入各种活动，融入学生中。在活动中班主任充当角色：在分享感情体验中，可以诚恳地向学生说说自己的生活经历；在角色扮演中，可以参与其中并勇于当"反面"或"消极"的角色等，做到认识上的师生平等与行动上的师生平等的统一。

在交互活动中更加民主了，学生们感受到班主任的关心和爱护，愿意将自己的内心世界向他敞开；在相处的氛围上更加和谐了，对班主任产生了认同感。平等、信任、尊重的新型师生关系，使得学生更加自信、自尊、自主。

> 平日里，我从日常的教育活动入手，转变自身的教育理念，通过班级心理辅导，改变班级物质环境与精神环境，营造良好的班级文化，使学生在不知不觉中实现身心的健康发展。

班级，其实是学生们的另一个"家"，有人算过这样一笔账，一天24小时，他们除去睡觉10小时，在剩下的14小时中，学生有8小时以上的时间是在学校度过的。可以这样说，每个学生，都是在教室中长大，直至走向社会。基于此，中共上海市教育卫生工作委员会、上海市教育委员会印发《关于推进上海市中小学"温馨教室"建设的指导意见》的通知。

"温馨教室"是指以班级（教室）为基础的、师生共同营造的、能满足师生合理需求的、有利于健康人格发展的教育环境。在以学生发展为本理念的指导下由师生共同创建的，能最大程度满足学生身心发展需求，充满人文关爱、大气谦和、文明和谐、团结互信、积极向上的育人环境。温馨教室包括了良好的班级人际环境、愉悦的课堂教学环境、健康的自身心理环境、舒心宜人的物质环境等方面。它的建设注重和谐互动的师生关系，坚持以人为本，体现师生、生生相互尊重，理解和支持。传统的班级布置主要强调了教育性，而对人文性、趣味性关注不够。如何使传统的班级布置凸显人文关怀，提高学生心理安全感、班级环境的舒适感，应是建设"温馨教室"的重要内容。

班级物质文化

班级物质文化主要是指班级文化在物质环境上的体现，是一种可见可感的文化形态，是班级文化的硬件。它作为一种"无声"的存在，具有"桃李不言"的隐性教育功能。在进行班级物质文化建设时，应该让每个学生都参与进来，充分发挥全体学生的主动性、积极性和创造性。

在环保角的布置中，学生可以发表自己的作品，自由地表达自己对生活的理解和体验；在班级图书角的建设中，学生可以根据自己的兴趣和爱好购置他们所需要的图书，从而扩展生活视野，获得知识技能……（详见第三篇 我的辅导我设计——小学班级心理辅导集锦之实录一、实录二）

以往教室的功能更多的是授业解惑，随着社会的发展，教育改革的深化，教室的功能正悄悄地发生着变化：除了强调教育性外，它还关注人文性、趣味性。这与小学班级心理辅导始终坚持以人为本，体现彼此的尊重、理解和支持的原则相一致。

班级精神文化

班级精神文化主要是指班级目标、班级舆论和风气、班级人际关系以及班主任（包括其他教师）的价值观念等。它是一个班级的个性与精神面貌的集中反映，涉及班级精神领域的众多方面，集中体现为一个班级的班风。

学生是集体的主人，为了培养他们主人翁的意识，在每次班干部选举之前，我首先会张贴招募的岗位和选举的要求，让全体学生明确，随后自由报名。接着，公布参选名单，并在之后的一周里将候选人精心设计的海报一一亮相。然后，我会为候选人搭建舞台——"竞争上岗显风采"竞选演讲。最后，班里的每一个学生和任教的老师公开投票，这时，你会欣喜

地发现民主选举出的新一届少先队干部脸上流露出抑制不住的喜悦和激动。在以后的日子里,这些通过竞争上岗的干部们十分珍惜这来之不易的锻炼机会,在岗位上努力奉献,提高了工作能力;增强了自信心;得到了伙伴的认可;成了老师的小助手。久而久之,同学、老师之间在学习、工作上你拥我护,形成了一种积极健康和谐向上的班级风貌。

班级是学生成长的精神家园,班风则是这个家园的精神支柱。在班级精神文化建设中,班主任只有立足于班级全体学生的生命本质和生存需要,学生的个性才能获得充分的发展,潜能才能得到更有效的开发。

班级是学生成长的乐园,更是学生人格、品行、修养、理想信念熏陶和培养的殿堂。班主任应该从日常的教育活动入手,转变自身的教育理念,通过班级心理辅导,营造良好的班级文化。让学生时时处处都感受到自己存在的价值、感受到伙伴对自己的尊重和信任,使学生在不知不觉中实现身心的健康发展。

四、班主任角色升级更新

随着社会的进步,原有的德育结构已发生了巨大的变化,我发现小学班主任的角色内涵与角色定位也赋予了新的内容,不再是传统意义上的教书匠,而是学科教师、班级管理者、心理辅导员三种角色的集合。

小学班主任角色内涵

内涵就是一个概念所反映的事物的本质属性的总和,也就是概念的内容。教育部印发的《中小学班主任工作规定》第一章第二条指出:班主任是中小学日常思想道德教育和学生管理工作的主要实施者,是中小学生健康成长的引领者,班主任要努力成为中小学生的人生导师。班主任是中小学的重要岗位,从事班主任工作是中小学教师的重要职责。教师担任班主任期间应将班主任工作作为主业;第三章第八条指出:全面了解班级内每一个学生,深入分析学生思想、心理、学习、生活状况。关心爱护全体学生,平等对待每一个学生,尊重学生人格。采取多种方式与学生沟通,有针对性地进行思想道德教育,促进学生德智体美全面发展。

国家教委新颁布的德育大纲第一句就明确地提出:"德育即政治、思想、道德与心理健康教育。"[8]明确地把心理健康教育作为德育的一个重要组成部分,强调要对学生进行心理健康教育,将心理素质教育作为新形势下德育结构必不可少的重要组成部分,心理健康教育已成为政治、思想、道德教育的基础。

时代在前进,社会在发展,原有的德育结构已发生了巨大的变化,小学班主任不再是传统意义上的教书匠,为了适应社会的需要,为了实现现代教育提出的培养人"成为一个完善的人"的目标,班主任在进行传统意义上的常规班级管理的基础上,应把班级心理辅导作为工作职责的一个重要组成部分。运用心理学、教育学和社会学的有关理论,根据教育的特点和学生身心发展的规律,通过课堂教学、教育活动、社会实践等各种教育途径,促进学生健康快乐的成长。

小学班主任角色定位

定位就是确定方位、指出方向。不久前,《班主任在实施班级心理辅导中的角色定位》一文的作者认为:班主任在实施班级心理健康教育的过程中,要注意角色变换,主要在三个方面扮演好自己的角色:一是要从以说教、灌输为主的教育者转为无话不说、平易近人的辅导者;二是营造平等、民主、开放的师生关系,当好师生关系的润滑剂;三是要沟通家庭教

育与学校教育,做家校心理健康教育之间的一座桥梁。

在小学班级心理辅导中,班主任主要目的就是指导学生进行自我探索,认识自我,调节自我,完善自我,并解决自己成才中的各种问题,诸如学习、交往、情绪调适、理想抱负等。这就需要班主任在开展班级心理辅导工作中转变角色,以一种新的形象、新的姿态出现在学生面前。

角色内涵与定位决定了班主任应该是三种角色的集合:学科教师角色、班级管理者角色、心理辅导员角色。班主任与教师的个性品质,有较多相似,与心理辅导员的个性品质相对有差异。在现实生活中,面对同一个群体,班主任需要扮演多种角色,如何恰到好处地扮演每种角色,做到解决什么问题用什么方法,仍是个问题。在实际工作中,我们常常遇到管理者角色与心理辅导员角色的冲突问题。

当一个孩子迟到时,班主任第一时间想到的是:你进校时有没有被校门口执勤同学抓住?有没有被记名字?有没有扣班级分数?或者是你的迟到影响了整个教学秩序;或者是别的小朋友会不会效仿你?……总而言之,就是有没有影响到集体。而心理老师更多关心的是这个孩子迟到的原因是什么?迟到以后他的情绪会有怎样的波动?这些情绪可能会导致行为上哪些反应和表现?

可见,大部分班主任在遇到班里的某个学生违犯校规的事情时,更强调的是教育性,常常出于维护班级名誉,多以教育学生为主,但这样可能忽视心理问题的疏导;而心理老师在接待来访者时,他第一时间会和对方有同感。总之,班主任更强调集体这个概念,更强调的是一种规范,一种原则,而心理老师则是希望学生心情愉悦,更关注、更尊重个体。其实角色冲突的矛盾隐含着角色互补的统一。认真分析角色冲突的原因,理论上还是德育与心理教育的着眼点和方法论问题。德育旨在塑造完美的品德,心育旨在塑造完美的人格;德育是一个道德内化的过程,心育是一个自我成长的过程；德育的核心是人生观问题，心育的核心是发展问题。继教师角色和管理者角色之后又提出一个心理辅导员角色，就是要为解决学生的发展问题找到一个科学的解决途径。班主任工作中的心理健康教育实际上就是解决学生在成长过程中的发展性问题。

> 在长期的实践中，我发现，小学班主任在遵循心理健康教育规律和原则，在充分了解学生心理健康状况的基础上，完全能够实施也应该开展创造性的班级心理辅导。同其他科任教师特别是心理专职教师相比，更具有教育的针对性、时空的灵活性、防治的系统性、辅导的全程性等诸多优势。

教育的针对性

小学班主任从学生进校那一刻直至放学回家几乎都陪伴在他们左右，一起做操、一起学本领、一起用餐、一起玩耍……朝夕相处，自然而然了解和掌握学生的心理活动，因而在心理辅导的内容选择上更具有针对性。专职心理学教师一般按教学大纲的要求，对各年级各班进行心理学知识讲授和心理健康训练，具有广泛性、普及性的特点，而班主任则可根据本班的整体情况和突出问题、个体特点进行有选择性的讲授、训练和矫治。在个体施教上，班主任更具有针对性，这是专职心理学教师力所不及的。专职心理学教师所教班级多，人数多，侧重于"面"上的教育，即使有"点"上的教育，那也是极个别的，很特殊的学生，无法满足学校上千名学生的"心理"需求。而班主任由于工作重点和角度不同，更多的是"个体"的教育与辅导，在教育的内容与方法上更具有鲜明的针对性和灵活的选择性。

时空的灵活性

班主任实施班级心理辅导，在空间与时间上具有较大的灵活性。既可在校内，也可在校外；既可在课内，也可在课外；既可利用较长的时间，如入学准备期、队会课、班会课时间，也可利用较短的时间，如课间休息和放学之后。班主任平日里进行的常规工作，为班级开展心理辅导提供了空间与时间的保证，而专职的心理学教师局限性较大，时间和空间基本上限制在上课的节次和上课班级，在个别辅导上即使表现出一定的灵活性，但这种灵活性是远不及班主任的。

防治的系统性

防治的系统由家庭、学校和社会组成，这个系统全方位渗透到学生所有的生活领域，包括家庭生活、校内生活、社会生活。与专职心理教师相比，在这些生活领域中，班主任的介入更有优势，同时在家庭、班级、社会……资源的掌握上更具优势，并将它们转换为班级心理辅导的资源。

在家庭资源中，班主任与家长的联系比心理学教师更频繁；对家庭的了解比专职心理教师更全面、更深入，如家庭地理物质环境、家长经济状况、文化程度、脾气性格、教育理念等。学生第二个生活场所就是班级。在小学，学校的一切教学和教育工作几乎都要在班级中进行，班主任自然而然成为班集体的核心，成为班集体的组织者和领导者，成为学生成长最重要的领路人。他对每个学生的个性、能力、交友关系及其他问题；在班中所处的地位、话语权、合群性……十分了解，班主任在对学生进行心理辅导时经常会利用班级文化影响他们；此外，任课老师发现班级中存在什么问题也会向班主任及时反馈，这样班主任能够更全面地了解情况，找到问题的根本原因，还可团结各任课老师，齐心协力解决某些突发事件，省时省力且更有效。第三个场所就是课外（校外）实践活动中，如春游活动、参观访问、博物馆课程、社会实践中学生会有突发的心理问题出现，此时，班主任就可以及时地进行心理辅导，同时全程参与、全情投入，而专职心理教师却无法做到。

辅导的全程性

学生心理发展是一个长期、复杂的过程，在发展的不同阶段他们的生理心理发育发展特点不同。一般情况下，小学班主任都会带大循环，即从一年级接班，直到五年级毕业。学校所有教育教学活动都是通过班级来开展的，整整五年的时间里，班主任可以根据本班学生各阶段的特点和出现的问题，不断调整相应的心理辅导内容和手段以适应这些变化。而专职心理学教师由于学校人力和物力、课程与精力等因素的限制，无法实现对学生成长的全过程关注。

第二篇　我的班级我辅导
——小学班级心理辅导实施

当我满怀憧憬，用自己所学的心理学理论、心理辅导的技巧和方法在班级管理中初试牛刀时，却遇上了挫折：班级比以前乱了、科任老师来投诉了……为什么会行不通呢？是什么环节出了问题？一个个问号在脑海中闪现，但我并没有放弃，鼓起勇气继续在实践中寻求解决的办法。慢慢地，我发现开展班级心理辅导也是有规律可循的。要明确目标，使用策略，掌握原则，选择合适的内容，通过适当的途径，采用适切的方法，对班级进行行之有效的心理辅导。

一、我的追求

在我的日常班级管理中，学生总会冒出这样那样的问题，对待这些问题，不能单纯从思想道德品质角度去理解，而要找出这些行为问题的背后掩藏着的原因，包括学生心理需求。并自觉地运用心理辅导的理论和技巧去点拨学生的心灵，从而最大范围内帮助他们认识自我、完善自我，及时纠正学生的心理偏差，塑造他们美好的心灵，这也是我在班级管理中所追求的。为了实现这样的愿望，首先要了解小学生心理健康教育目标。

从1994年我国相继出台了一系列有关心理健康教育的文件：

◎1994年8月31日　中共中央《关于进一步加强和改进学校德育工作若

干意见》

◎1999年6月17日 中共中央国务院《关于深化教育改革全面推进素质教育的决定》

◎1999年8月13日教育部《关于加强中小学心理健康教育若干意见》

◎2002年8月1日教育部《中小学心理健康教育指导纲要》

◎2012年12月20日教育部《中小学心理健康教育指导纲要》（修订版）

时隔十年，教育部又一次出台了《中小学心理健康教育指导纲要》的修订版。为进一步科学地指导和规范中小学心理健康教育工作，纲要中提出，学校应将心理健康教育始终贯穿于教育教学全过程，开展心理健康专题教育。各级教育行政部门要将心理健康教育工作纳入学校督导评估指标体系之中，教育督导部门应定期开展心理健康教育专项督导检查。

《中小学心理健康教育指导纲要》（修订版）指出，心理健康教育总的目标是：提高全体学生的心理素质，充分开发他们的潜能，培养学生乐观、向上的心理品质，促进学生人格的健全发展。具体目标是：使学生不断正确认识自我，增强调控自我，承受挫折，适应环境的能力；培养学生健全的人格和良好的个性心理品质；对少数有心理困扰或心理障碍的学生，给予科学有效的心理咨询和辅导，使他们尽快摆脱障碍，调节自我，提高心理健康水平，增强自我教育能力。

依据有关心理健康教育的目标，根据小学生心理发展具有迅速的、协调的、开放的、可塑的等特点，我认为班主任在班集体建设和管理中，不能仅关注集体不关心个体，不能仅限于班级的太平无事而忽略集体的良好心理环境维护。所以，在平日的班级心理辅导中，我制定了相关辅导目标。

促进学生健康的心理

心理健康是指精神、活动正常，心理素质好。

为了适应社会的需要，我在进行传统意义上的常规班级管理的基础上，把班级心理辅导作为自己的任务。运用心理学、教育学和社会学的有关理论，根据教育的特点和学生身心发展的规律，通过课堂教学、教育活动、社会实践等教育途径，运用心理辅导的技巧去点拨学生的心灵，在最大范围内帮助学生认识自我、完善自我。从而促进学生身心正常发展，提高全体学生心理健康水平。

优化学生的心理素质

心理素质是人的整体素质的组成部分。一个人的心理素质是在先天素质的基础上，经过后天的环境与教育的影响而逐步形成的。心理素质包括人的认识能力、情绪和情感品质、意志品质、气质和性格等个性品质诸方面。

小学班主任最根本的工作就是班级管理，在进行管理时，我会针对班级新情况、学生新动向，把日常管理工作与班级心理辅导有机结合起来，认真研究教育学和心理学，根据教育学原理和心理学原理，设计出富有实效的班级心理辅导活动，创造出顺应学生成长需求的、新颖的、有效的管理方法。从而改善班级管理，提高班主任的管理效益，优化学生健康的心理素质。

开发学生的心理潜能

心理潜能狭隘的理解是指人通过提高认识、学习技巧、培养感受力领悟力、坚强意志等方法激发意志。从广义角度，任何的潜能都属于心理潜能。

小学生心理发展是一个长期、复杂的过程，在发展的不同阶段他们的生理、心理发育发展特点各不相同。因此，在班级心理辅导中我尝试着改变以往教育模式，针对特定学生、特定问题，设计、组织和实施以发展性为主的辅导活动。通过活动帮助学生及时解决问题、发掘学生潜能、促进学生各项心理品质健康发展，提高适应社会生活的能力。

二、我的策略

在长期实践中，我发现小学班级心理辅导不同于传统意义上的学校教育，它运用的是以了解学生为前提，以建立关系为重点，以班级活动为主要形式，以尊重学生个性需求、关注学生差异发展的辅导，强调助人自助的策略。

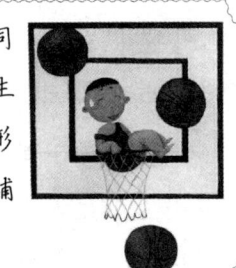

在班集体建设中自我探索

一个比较完善的学校教育体系应该教给学生三方面的知识：关于自然的知识、关于社会的知识、关于自己的知识。在现行的学校课程中，前两项都得到了落实，惟独第三项知识很少体现。小学班级心理辅导就是让学生进行自我探索，认识自我、悦纳自我、完善自我，并解决自己成长中的各种问题，诸如学习、交往、情绪调适、理想抱负……第三种知识的获得主要不是靠教育者的灌输和说教，而是帮助学生发现自己的问题，找到解决问题的办法。学生只有经过自我探索才会获得经验，才会在真正意义上成长起来。

为了协助学生辨识自己和他人的心情和感受；帮助他们了解自己日常生活中的心情状态；认同积极的情绪有益身心健康，我利用班会课进行了一次名为"心情多面镜"的班级心理辅导。活动中，我首先播放了一段情绪视频，让学生通过欣赏对所学过的"人的各种情绪名称"进行一个巩

固。接着,出示各类天气的图片,让学生知道天气有晴有雨也有阴,随后通过找一找心情和天气的相似处,用隐喻的方式形象地了解心情。然后,通过活动"我的情绪脸谱",帮助学生了解自己日常生活中的情绪状态;知道人的心情会随着事情发生变化,不同的人对相同的事情也会有不同的情感体验,并通过"世界大笑日"的介绍让学生感受到情绪是可以感染人的,要保持快乐的心情。紧接着又通过活动"心情彩虹",让学生了解颜色可以表达各种心情,体会每个人对颜色的不同感受。同时,让学生了解到颜色会影响人的心情,通过"小小粉刷匠"活动,让学生感受颜色的奇妙作用。最后,通过活动"看动作猜心情",来辨别他人的心情,懂得"快乐、得意、害怕、生气"的表达方式,进一步了解小伙伴的情绪。
(详见第三篇 我的辅导我设计——小学班级心理辅导集锦之教案一)

在班集体活动中体验感悟

按照杜威(J.Dewey)的观点,儿童的成长就是个体体验不断改组与改造的过程。这种体验既然是个人的,那么个人的自我体验就显得尤为重要。而对学生有意义的自我体验包括了情感体验、价值体验、行动体验,这些自我体验可以通过在班级心理辅导中创设一定的情景,营造一定的氛围来实现。学生从体验中获得有意义的东西,就是感悟。

五年级的学生正处于准青春期,身心逐渐在发生变化,许多学生对"性"有了朦胧的好奇、渴望、羞怯等心理变化。为了让学生体会青春期心理微妙的变化;以一颗平常心正确对待青春期,我在进行"走进花季"的班级心理辅导时,让学生通过"过独木桥"游戏,了解进入青春期之后,除了生理的变化之外,心理也会随之发生变化。活动中,我细心地观察学生的一言一行,捕捉其中的亮点,并为辅导所用。例如,当学生采用"抱"的办法顺利过了河,我就让学生交换男女伙伴,依然采用"抱"的方法过河。结果,学生动作勉强,没有成功就在意料之中了。于是,我乘胜追问:"前后两次动作为什么不一样?"当学生说是因为"男女授受不亲"时,我又追问:"为什么会有这种想法?"学生自然而然感悟到:进入青春期,性别意识强了,男女同学之间自然有所约束了。(详见第三篇我的辅导我设计——小学班级心理辅导集锦之实录三)

可见,班级心理辅导是一种自我教育活动,它没有说教和灌输等显性教育的痕迹,但它可以通过学生自己体验和感悟,潜移默化地影响他们的成长。

在班集体发展中自助互助

班级心理辅导既然是自我教育活动,就必须积极调动学生自身的教育资源。保守的教育观念总是把学生看作教育的对象,班级心理辅导则倡导学生是教育的主体。辅导活动是一种积极的人际互动过程,同龄伙伴有共同的爱好、价值观和文化背景,彼此之间容易理解和沟通,他们可以不加掩饰,坦诚直言,进行心与心的交流。

班级心理辅导活动一般都有主题和目标,它是依据学生一定的心理需求制定的,容易为学生接受,形成共识。作为集体的一员,学生在辅导活动中既是受助者,又是助人者。这种互助可以增进学生对自信、自尊的体验,从而达到自助。教师作为辅导者,应该创设良好的集体舆论、和谐的人际关系、民主自由的气氛,充分开发集体的教育资源,以利于这种良性机制的形成。

为了帮助学生健康、顺利地度过"准青春期"这一特殊时段,我为学生们准备了一次名为"走进花季"的心理辅导活动,活动前,大家根据自己的需求观看视频,进行"青春心情小调查(课前)"和"我进入花季了吗"自测并提出问题。活动中,我和学生们分享观看率;了解自测的相关数据;罗列"互动平台"上留下的问题。

人文动画观看率（课前）　　　　小知识点击率（课前）

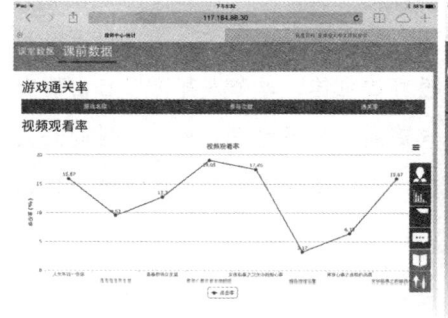

评价游戏数据统计（课前）　　　问卷调查（课前）

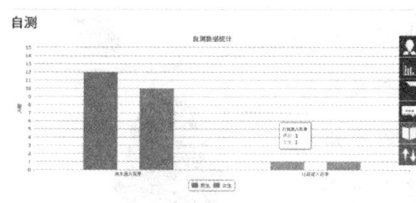
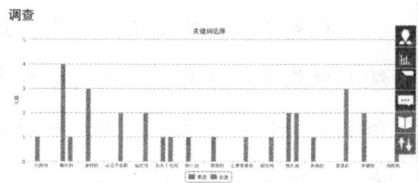

紧接着从学生的问题入手，我告诉学生这些问题进行梳理后可以分为"生理"和"心理"两大类。并将"生理"方面的问题呈现在学生面前，请他们以两人小组为一个学习共同体，先选择一个共同感兴趣的"生理"问题，进入资源库，点击"小知识"寻找答案。接着全班分享，然后，学生进入资源库，点击"评价游戏"——"接苹果"玩一玩。我则通过热点追踪了解学生对进入"准青春期"自己身体变化的掌握情况。

最后，通过当堂"青春心情小调查"的测试，与活动前"青春心情小调查"进行比对，了解通过学习后，学生心理的微妙变化。

互动交流问题汇总（课前）　　　评价游戏通关率（课堂）

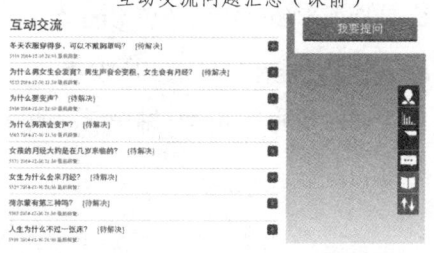
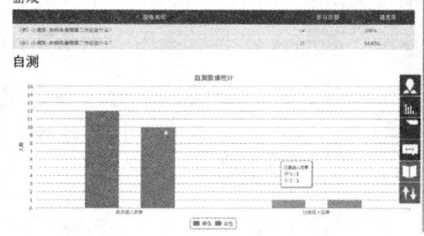

37

在班中开展"走进花季"的心理辅导活动让我品尝到了传统课堂上无法给予的那份惊喜。活动前,学生根据实际需求自主选择资源进行学习。活动中,学生从教育的客体转变成为教育的主体,每个人都可以自由的交流学习过程中的疑惑,分享获得的点点滴滴,从而增进对自己、对同龄人异性的了解和接纳。(详见第三篇 我的辅导我设计——小学班级心理辅导集锦之教案二)

三、我的准绳

在我平日的班主任工作中,处处可见班级心理辅导的身影,如何使它恰当地与我的班主任工作融合在一起呢?长期的实践告诉我,关键是在开展辅导活动中自己要做一个有心人,要积极遵循共同性、分层性、互动性、尊重性等原则。

共同性原则

共同的对象

小学班级心理辅导是以班级为单位,它面向的对象是班中所有人,因此,在辅导中我十分关注班级中的每一名学生。在开展班级心理辅导时,尤其对那些性格内向、不善表达的、容易被忽视的学生给予更多的关心与爱护,从而达到全员参与,力争班中每个学生都能在辅导中有所收获。

此外,作为班级的一分子我还会以普通一员的身份参与辅导活动的全过程,尊重每一个学生,与学生平等沟通。

共同的问题

在开展小学班级心理辅导时,我会面对学生共同心理需要,即着眼于这个年龄段学生发展中可能遇到的关键性问题。

同时,我根据这些共同的问题,利用课堂、班(队)会、精彩活动日、社会实践等德育阵地开展具有针对性、及时性、教育性的心理辅导活动,在辅导活动中突出它的发展性。

分层性原则

内容分层

在小学开展班级心理辅导时,我在辅导主题的选择上常常立足于大多数健康学生发展的总体需要,根据不同年级的共性问题做出系统的、有针对性的安排。在低年级,根据学生从众性与依赖性并存的年龄特点,有重点地加强适应性方面的辅导;在中年级,根据学生学业成绩两极分化的现状,及时进行学习心理辅导;在高年级,根据学生面临升学的激烈竞争,根据学生身体发育的第一个高峰期面临的困惑,有重点地加强抗挫折辅导及升学辅导,有重点地加强青春期辅导……

评价分层

北京市西城区银河小学倡导教师们要说好"十句话",即:为痛苦的学生说句安慰话;为孤独的学生说句温暖话,为胆怯的学生说句壮胆话;为自卑的学生说句自信话;为迷茫的学生说句开导话;为沮丧的学生说句鼓励话;为受困的学生说句热心话;为偏激的学生说句冷静话;为懒惰的学生说句鞭策话;为受冷落的学生说句公道话。[9]

在开展班级心理辅导时,面对不同性格的学生,我的评价也是有针对性。班集体中每个学生都是不同的,有的热情、有的内敛、有的自信、有的胆怯……因此,面对独一无二的他们,我的分层评价有助于拉近师生间的距离，达到心与心的沟通。

互动性原则

美国精神分析学家柏恩认为："当两三个人或更多的人相互碰在一起时，迟早某人要说话，或者向其他人的出现致意，这叫相互作用刺激。另外的人就会说一些或做一些与这种刺激有某种联系的事，那就是相互作用反应。"柏恩的"相互作用分析理论"着眼于人与人之间的互动和沟通，是小学班级心理辅导"成员互动"原则的理论基础。根据这一理论，我强调班级心理辅导过程中的生生互动、师生互动。

生生互动

在开展班级心理辅导时我要求全体参与、伙伴互动，因为它是使辅导目标达成的重要条件。学生与学生之间互动，满足了学生交往、喜群的心理需求，并产生归属感和安全感；深化了对自己的认识，使学生能客观地评价自己；协调了学生之间各自的行为，保持良好的人际关系。

师生互动

小学生有一种与生俱来的以自我为中心的探索性学习方式，因此，我在开展班级心理辅导时注重建立学生的主体地位，整个过程是我和学生共同参与的双向活动过程。在辅导活动的设计和展开中我努力体现开放性，使学生勇于参与、敢于表达。互动中，我宽容、鼓励、欣赏、友善地对待学生。通过师生互动建立和谐、融洽的师生关系和亲密、真挚的师生感情，为辅导活动的顺利开展创造良好条件，优化辅导过程，提高辅导的有效性。

尊重性原则

在开展小学班级心理辅导中，我努力为每个学生搭建了一个自我探

索、自我了解、自我更新的舞台。渐渐地，他们在一种彼此尊重、接纳、信任的氛围中，放下个人的防卫意识，与其他伙伴进行探讨、分享，彼此给予鼓励、肯定。

尊重成长需求

上学迟到了、回家作业没完成、和同学打架了……面对小学生中产生的问题，班主任传统的教育方式多用说服教育、提供榜样、确立规范等方法。而在开展班级心理辅导时，我转变观念——以生为本，用一种更宽容、更理解和接纳的态度来认识和看待学生和学生的行为，不仅注意到行为本身，更注意去发现并合理满足这些行为背后的那些基本的心理需求；不简单地进行是非判断，而是从一种人性化的角度去理解和教育学生。

尊重个体差异

班级是由一群有着个体差异的学生组成的群体，他们身上有着太多的不同：不同的家庭背景，不同的兴趣爱好，不同的脾气性格，不同的处事方式……在开展小学班级心理辅导时，我尽量做到包容每个学生的差异，因材施教，为他们提供快乐学习、自主成长的条件，使得辅导活动能够顺利地开展、学生能够拥有健康的心理。

在小学班级心理辅导的过程积极贯彻共同性、分层性、互动性、尊重性等原则，才能真正体现对学生的尊重———一种对"人"的尊重，它是建立相互支持、理解和信任的良好师生关系的前提。相信学生在这样的班集体中成长，才能正真感受到班级生活的愉快、和谐，体会到师生关系的民主、平等，体验到学习生活的宽松、积极。

四、关注需求

马斯洛认为人的需要是逐级增高的，较低级需要满足后，才会出现高一级的需要。根据马斯洛动机理论可以知道：一个人的行为都是由一定动机引起的，动机是推动个体活动的动力，是行为的一种内在原因。它为小学班级心理辅导内容设定提供了理论依据。

马斯洛提出的人类动机理论无人不晓，几乎谁都知道随着个体的发育成长会逐步出现从低到高五个层次的需要：①生理需要（physiological need）；②安全需要（safety need）；③相属与相爱的需要（belongingness and love need）；④受人尊重的需要（esteem need）；⑤自我实现的需要（need for self-actualiation）。其中最基础的是生理和安全的需要。

在小学班集体形成发展中，会产生各种各样的问题。作为班主任的我们应该及时准确地抓住集体中产生带有普遍性、共同性的问题，以此为契机，针对小学生的年龄和心理特点，开展相应的班级心理辅导活动。这样会对形成健康向上的集体产生良好的作用，同时也能矫治学生在思想和行为方面的偏差，使他们健康成长。

生理的辅导

生理需要是最优先的也是最脆弱的。无论人的需要层次达到哪种程度，只要最底层的生理需求受到威胁，那么他就会立刻返回到这一需求上。一个人在一无所有的情况下，他的主要动机就是生理需要。人对生理上的需求往往要比其他的需求更强烈。饥饿是生理需求中最典型的代表。

当一个人饥肠辘辘时,他最想得到的就是食物,充饥成为最重要的目标,而此时其他更高层的需求就会退居其次。有一点是值得注意的,当人们的肌体受到某种需要支配时,人们对未来的看法也会改变。对于长期处于饥饿的人来说,他的理想境界不可能是参与政府决策,进行总统竞选。他最想实现的目标就是吃饱肚子,面包就是幸福,就是一切,而其他的追求则会被置之一旁。但是在现代社会中,往往只有偶然的机会才会感到饥饿的威胁。

课堂上,我们经常会看到这样一些场景。

场景一:上课时,老师讲得起劲,抛出一个问题,一只只小手高高举起,争先恐后,老师叫起一名同学回答,可他站起来却说:"老师,我要上厕所!"

场景二:老师在黑板上演算,一个小男生悄悄拿出水壶,一边看着板书的老师一边喝着水,老师突然转头,小男孩被发现了,老师严肃地说:"上课怎么能喝水,你下课在干什么?快收起来!"可他忍不住还喝了几口才不情愿地收了起来。

场景三:已经是上午的第四节课了,走廊里传来了食堂阿姨送饭的声音,空气中弥漫着饭菜的香味,教室里的学生都按捺不住了,甚至有的自言自语:"好香啊!""什么时候能下课呀?"

……

这些场景很多班主任一定并不陌生,尤其是在低年级,面对学生的这些生理需求,作为班主任的我总能宽容地对待:"好的,快去快回!""以后记得下课要喝水哦!""好香啊!老师也饿了,我们讲完这题就吃饭好吗?"面对我的回应,学生会速战速决,不在厕所玩耍;会害羞地拧紧水壶盖,悄悄放好;会马上坐正,瞪大眼睛聚精会神地听讲……因为多数情况下,生理需求都只是暂时的,当这一基本需要得到满足后,便会产生"更高级"的需要,当然,如果受到了挫折,生理需求会重新出现并支配生命。

安全的辅导

如果生理需要得到满足,安全的需要就会产生。在小学阶段安全教育通常包含交通安全、活动安全、防火安全、用电安全、游泳安全、饮食安全和自我保护等一系列的安全常识。随着社会的发展,我们发现很多小学生虽然备受家庭的呵护和宠爱,却并不懂如何妥善地保护自己。因此,帮助不同年龄段的孩子们掌握保护自己的小窍门,懂得自我保护的方法,显得尤为重要。

近年来,媒体不时报道未成年人遭受"性侵"的事件,有些还涉及校长、教师,更令人担忧的是,孩子自我保护知识的匮乏,不能正确认识自己的隐私部位,遇到性侵害时茫然不知所措,甚至不知道这是危害自己的行为。面对这个以往被忽视的安全教育内容,上海理工大学附属小学性别教育团队针对不同年级段设计小学生身体保护的系列主题辅导,具体见下表。

年级段	辅导主题	辅导内容
低年级	你我碰碰车	包括了解身体接触是生命传递信息和情感的方式之一;了解人际互动中身体接触方面的基础礼仪,如:握手、接吻、拥抱等;感受身体亲密接触后的快乐和不悦,重视自己对事物的不适感受,懂得亲密行为要适度,学会分辨和观察
	不当小红帽	包括知道世界上绝大多数的人都是善良的,但生活中存在诱拐、骚扰、伤害等事情,要提高自我保护意识;思考当遇到有人提出要送我回家等情形时,如何机智应对;了解不要因为个别的案例,而因噎废食,对人存有过度戒心

中年级	身体红绿灯	包括了解身体有禁区,即是隐私部位,要有自我保护意识,也不要侵犯他人;了解身体保护和秘密保守的基本准则,分辨身体接触和秘密保守的不同感受,学会保护自己;懂得尊重他人也是尊重自己,人与人相处,应该互相尊重
	勇敢说"不"	包括面对遭遇侵犯后,不要害怕,不要羞愧,要勇敢地大声说"不";了解侵犯后的应对措施,克服遭遇侵犯后,怕事、羞耻的心理,学习勇敢地说"不";了解面对意外和伤害,要冷静机智,知道生命是第一位的;相信爱的力量,通过互相帮助,可以平安度过难关
高年级	远离诱惑	包括了解信息技术改变了人们的生活,网络给我们带来了全新的学习生活方式;通过调查活动,了解影视、网络、漫画是学习娱乐的方式之一,其中有些内容是不合适未成年人的,学会区分选择和机智应对;提防网络、声讯陷阱,培养积极、多样的兴趣爱好,让生活富有意义、丰富多彩的
	加强自我防范	包括每个人的身体是属于自己的,有自己做主的权利。要爱惜自己的身体,做好身体的主人,保护好自己;了解关于性侵害方面,例如易受侵害者的心理、对象,以及侵害者身份等,认同性侵犯不一定是陌生人、性侵犯对象不一定是女生的观点;初步了解避免和遭遇性侵害的方法和技巧,尽力防范心理,懂得用法律的武器保护自己;基于尊重生命尊严和人性的精神,初步了解违背社会道德和法律的各种性侵犯以及严重后果,增强法律意识

根据辅导内容,上理工附小二年级(8)班的班主任郑荣琴老师在班级当中开展了一次名为"不当小红帽——防止诱拐和伤害"的心理辅导。通过活动,让学生知道世界上绝大多数的人都是善良的,但生活中存在诱拐、骚扰、伤害等事情,要提高自我保护意识;学会避免被诱拐伤害的基本方法,机智应对实际生活中的突发事件。(详见第三篇 我的辅导我设计——小学班级心理辅导集锦之教案三)

爱和归属的辅导

爱的需要包括给予爱和接受爱两方面。当生理需要和安全需要得到满足后，个人就会产生爱、情感和归属的需要，并且在此时爱的需要起着支配作用，渴望朋友、班级中同学之间的深情关系，并将为达到这个目标而努力。除了接受爱以外，还有给予爱的需求。

从这个理论不难看出，要使班级在个体的力量之上向前发展，只有使学生对班级有归属感。要产生这种归属感，又必须使学生对这个班级有种认同感：他能否接受这个班，取决于他在这个班级中能否按他的理想发展，能否满足他在生理和心理发展过程中的需要汲取的营养，这包括必要的人际关系，是否受到必要的尊重，是否被别人认可等属性。

从学生汇集到班级的第一天，我首先将全班同学的生日统计出来，等到每次有同学过生日时，她都会利用早操前几分钟时间，让全班同学为"小寿星"唱首生日歌。久而久之，班级中的每一个学生在心理上产生了一种对班级的亲近感。

又如孩子从幼儿园进入小学学习，由于学习时间、生活制度、教学方式、师生关系上的骤变，以及学习内容的丰富、学习要求的提高，有部分学生出现不安、疲劳、厌学等不适应现象，心理上亮起了"红灯"。在这个时期，每个学生都需要有一个或长或短的心理和行为的适应过程。面对学生的种种心理困惑，我开展了一系列心理辅导活动，帮助他们度过入学困惑期，成为一名快乐的小学生。（详见第三篇　我的辅导我设计——小学班级心理辅导集锦之方案一）

尊重的辅导

仅仅让学生对班级有一种融合的感情归属，只能使班级很团结。要使班级向前进一步发展就应该让学生肩负起作为集体一员的责任意识。

进入小学,在老师的呵护下,学生每天都在一个温馨的教室里生活、学习,渐渐的,教室成为了一个家。在这个属于他们的温暖港湾里,学生都渴望获得尊重。这种需要分为两类,一方面是自尊,即在面临的环境中,希望有实力,有成就,能胜任,有信心,以及独立和自由。另一方面是他尊,即别人对自己的尊重,要求有名誉和威望、赏识、高度评价等。希望得到尊敬的需要一旦得到满足,会让学生感到自信,如若受挫,便会产生自卑情绪。

一二年级的学生虽然人小,却有一颗火热的心,于是每学期初我都会让学生根据自己的兴趣爱好、特点特长在班中找一个适合自己的小小岗位。例如:有的学生心思细密,他就申报了"小管家"的岗位;有的学生乐意照顾班中的植物,他就申报了"护绿员"的岗位;有的学生有一颗热心肠,他就申报了"小蜜蜂"的岗位;当伙伴心中有话却难说出口时,他就会像只快乐的小蜜蜂在老师和伙伴之间架起桥梁……岗位制度让每个学生有了努力奋斗的目标、服务大家的机会、表现能力的舞台。

在以后的日子里涌现出了许多为集体、为伙伴尽心尽职服务的"小明星";涌现出了很多为家人、为社区无私奉献的"小巧手";更有在自己的岗位上持之以恒,数月如一日的"小水滴"!在岗位上学生们锻炼了本领,服务了大家,体会到了快乐,真可谓"小鬼学当家,岗位尽职责"。"自己的事情自己做,伙伴的事情帮着做,集体的事情抢着做"在班中蔚然成风。

自我实现的辅导

"是什么样的角色就应该干什么样的事",马斯洛把这种需要称为自我实现。就如画家必须画画,音乐家必须演奏一样,自我实现需要的产生,有赖于前面几种需要得到满足,当基本需要满足后,人们就有可能出现自我实现的需要,即促使他的潜在能力得以实现的趋势。学生在慢慢长大的过程中，越来越希望成为自己所期望的人，完成与自己的能力相称的一切事情，这是需要层级中最高的层次。自我实现并非为所欲为，是让一支玫瑰花成为更加怒放盛开的玫瑰，而不是将玫瑰变成百合。它让人能够展现他的内在本质，按照自己的方式活得更加健康，更加充实。

成长道路上，每个人难免会有类似"丑小鸭"的经历，或许有的学生会受不了打击、嘲笑，停下了脚步，而有的学生则会一直向前从不低头。"丑小鸭——我们都是这样长大的"的班级心理辅导活动，让每个学生看到了一只不管面临多大困难，嘴角总是挂着一丝丝淡淡的笑，昂首健步行进在自我生命旅程中的丑小鸭。从它的故事中，学生们明白了，不管脚下的路是多么的坎坷和曲折，只要你有理想，有追求，并为着目标而努力奋斗，即使身处逆境也不要紧。"阳光总在风雨后"，经过一场风雨，总将成为最好的自己。（详见第三篇 我的辅导我设计——小学班级心理辅导集锦之教案四）

五、规划路径

从班主任有别于班级其他科任教师的角度来看，班主任在开展班级心理辅导的途径主要有：班级目标管理中、班级制度建设中、丰富多彩活动中。这也是有效落实班级心理辅导目标的具体行动。

班集体是"一个以儿童与青少年为主体的具有崇高的社会目标，以亲社会的共同活动为中介，以民主平等参与合作的人际关系为纽带并促进其成员的个性得到充分发展的有高度凝聚力的共同体"[10]。班集体是学生自己的组织，他们是集体的主人，在集体中学会自己管理自己；在与他人的

比较和评价他人的过程中,学会认识自己和评价自己,从而提高自我教育的能力。从这个意义上来说,班集体为学生的心理健康教育提供了良好的教育情境。

正如马卡连柯所说:"只有当一个人长时间地参加了有合理组织的、有纪律的、坚韧不拔的和有自豪感的那种集体生活的时候,性格才能培养起来。"[11] 基于这一认识,我们认为,在班级心理辅导活动中,必须充分利用班集体在学生个人心理素质形成和发展中的作用,用集体的方式实现其不断的提升和优化。班集体建设的内涵十分丰富,广义的班集体建设包括班级管理、班级文化、班级活动等一切班级教育工作,具体说来,其涉及班级教育活动的方方面面。班集体建设是班主任实施心理健康教育的主要途径。

进行系统分层的目标管理是班主任有目的、有意识地通过各种教育途径,运用一定的原理和科学的方法,对班级内部和外部的各种关系和因素进行规划、组织、指导和调控,实现班级共同目标的过程。

目标是创建班集体的关键要素,班集体就是在一个个班级目标的实现过程中逐步形成的。目标管理是一个引导学生不断地向目标前进的过程,即从一个已经实现了的目标迈向新的目标,在目标的达成和实现过程中,也促成了学生心理的成长与发展。

一年级

学生刚入学不久,对小学生活既有新鲜感,又不习惯,特别信任老师;对学习感兴趣,注意力不集中;不善于控制自己的情绪,行为习惯缺乏规范性；思维具有直观、具体、形象等特点。因此，可以把培养学生养成良好的行为习惯作为班级心理辅导目标。

二年级

学生已经基本适应小学的学习生活，愿意遵守校纪校规，但由于自控力不够稳定，行为规范方面常常有反复；喜欢参加集体活动，喜欢表现自己，竞争意识和上进心有所发展。因此，可以把自己的事情自己做，积极参加集体活动，树立集体观等作为班级心理辅导目标。

三年级

学生处于良好道德品质的关键形成期，情感表达不稳定；有一定的集体意识，行为控制力较弱，模仿性强；道德认识水平较低，辨别是非能力较差，容易受外界影响。因此，可以把强化常规教育，培养各种良好的行为习惯和生活自理能力，懂得关爱他人等作为班级心理辅导目标。

四年级

学生正处于由儿童期向少年期的转变过程中，独立意识增强，已经不满足于单纯的课堂教学，兴趣爱好体现明显；愿意参加集体活动，逐步树立起集体荣誉感；有较强烈的人际交往愿望。因此，可以把树立民主竞争意识，增强责任感，帮助别人，愿意为集体服务等作为班级心理辅导目标。

五年级

学生开始进入少年期，身心的发展处在由幼稚向自觉，由依赖趋向独立的半幼稚半成熟的矛盾时期。已有的行为习惯日趋稳定，自主性和自尊心进一步加强，渴望得到友谊。仍然缺乏自我约束能力。对社会现象开始关注。因此，可以把培养学生的自我管理能力和人际交往能力等作为班级心理辅导目标。

在小学五年的学习生活中，班主任根据学生年龄特点、成长规律，制

订具有层次性和包容性的目标,并针对班中学生的兴趣、爱好、愿望和要求,组织一系列的活动,通过一个个目标的实现,促使他们的认知、情意和个性不断地获得发展。

> 学校制度强调的是一种比较刚性的制度规范,但班级作为学校中的"个人",作为学生生命成长的寓所之一,它的制度应该更具柔性。在班级管理中如何促进合理完善的制度建设,使其成为一种关心、体贴学生生命成长的力量,这一问题一直萦绕着我。

班级制度

班级制度主要是指学校或教师对班级成员所施加的各种行为规范以及班级在形成和发展过程中产生的无形的、习惯性的、约定俗成的规则,如学生守则和日常行为规范,班级公约,班级奖惩制度及课堂常规等。

小学生社会性不强,当个人置于集体中很少考虑到自己与集体的关系,但是我们的校园生活常常要满足大部分学生需求,不能因为个别人而去妨碍他人,因此必须要建立班级制度。班级制度恰恰又是班级管理的基础,以往,一些班主任在班级管理过程中,或出于自己工作的方便,或出于对学生的不信任,往往由自己直接制定班级制度,导致学生在班级制度建立和执行中会有不同的心理表现:认同、从众、不满、被迫……日本教育学家片冈德雄曾提出:"必须把强调细则的做法改为建立一套体贴人的纪律。"具体做法是:少规定拘束人的条目;不用表示禁止的命令型的语气而只侧重于指明一个大致的条目;保留一定的能够自己自觉选择行为的余地;对违纪者处分得不是太过分。[12]可见,由于学生民主意识的增强,这些经由班主任制订的班级制度往往不能令学生们信服,并使学生的自主意识受到压抑，自立能力得不到提高。而共同制定的班级制度较之于教师一言堂对学生而言则更具有说服力。

针对以上种种心理现象，在制度建设中，班主任让每个学生积极参与，在制度形成的过程中每个人都有发言权。学生由于参与了制度建设，他们的认同度就高了，支持率、执行率也就高了。如果不认同，被强迫去做，一旦班主任离开了，没人监督了，学生就会出现为所欲为的现象。学生们不再觉得制度约束了他们，通过制度建设培养了学生的集体观念，让班级管理更加规范、有序。

我们说，"班规"是要求学生自我管理的重要制度，它重在规定，比较强硬，有时，难免会让学生产生距离感和抵触的情绪。因此，我往往会在班规的基础上，制定出班级公约，将制度进一步具体化，主要涉及学习、纪律、卫生等。如：上课要做到什么，下课时应当怎样做，用餐时如何做到文明……班级公约和班规一样，应当是通过民主讨论产生的，是学生自己想要的目标。只有自己定的目标，学生在实践中才会有较高的积极性。也只这样的约定，才能在班级管理中真正地发挥效用。班级公约，它不是一份束缚，而是一份承载着孩子们希望和梦想的约定。任何一个爱孩子的班主任，都会给孩子这份成长的自由。

可见，只有形成了这样的班级制度，学生才能真正视班级为自己的精神家园，学生的个性才会得到全面而丰富的发展，而不至于被压抑、被禁锢。

班干部制度

班级管理中，班干部这支队伍建设非常重要。每年10月，班干部选举是班级头等大事，也是众人关注的焦点，如何让每个学生都来享受这个过程，尤论选上还是没有选上，都自信满满，心情愉悦呢？班干部产生后，在服务岗位上发挥作用时，面对学生产生不同的心理：有人觉得它是一种荣誉，有人觉得它是一种权利，有人觉得它是一种服务，如何帮助每个干

部调整心态，承担责任、乐于奉献，学会服务的本领呢？

传统的班级组织结构中，每个学生都有固定的角色分工，一成不变的角色定位阻碍学生个性发展、抑制潜能开发，不利于学生心理的健康成长。我认为在班级管理中，每个学生的角色应该具有多样化，即"每个学生在集体中都能获得一个具有一定的管理责任或服务责任的角色，处于一个能够发挥作用的地位"[13]。班干部的"轮换制"是一个比较理想、值得尝试的组织制度。它摒弃那种固态的、定型化了的组织结构，倡导一种流动的、开放的组织结构。班干部的"轮换制"可以有多种不同的形式，如班委会内部的岗位轮换、学生轮流值日制、学生轮流担任小班主任制等。

翻开一些学生的成长手册，会发现有一些学生从始至终都是"三条杠"或"两条杠"，而另外一些学生则始终是"一介平民"。对于大多数学生来说，因小干部的职位数相对较少，他们只能望洋兴叹。久而久之便由向往到失望到淡漠，消磨了自信心与自主性。面对上述情景我决定把班级还给学生，在班级中实行"班干部轮流制"。通过设立职能部门、明确各部职责、寻找服务岗位、上岗服务集体、岗位自评互评、部长考核、换届上岗这样七个环节，让每位学生都参与班级管理。这对于培养学生的主人翁精神和提高自尊心、自信心，发挥学生的创造性、独立性以及建立民主的师生关系，都有着十分重要的意义。（详见第三篇 我的辅导我设计——小学班级心理辅导集锦之方案二）

"轮流制"，让学生在班级中进行自我组织、自我运行和自我管理，获得了"存在感"，获得了"正能量"。"轮流制"，让学生的兴趣、爱好、意愿可以充分而自由地得到表达，潜能被发掘，在班级众多的活动中脱颖而出。"轮流制"，让学生在工作中可以较大程度地张扬他们的个性，发挥其创造力；学会设身处地、换位思考，提高人际交往能力。

> 班级活动是实现班级目标的根本保证,也是班集体赖以建立和巩固的重要途径。通过开展形式多样的班级活动为班级所有成员发挥特长、发展能力提供一个大舞台。帮助学生体验集体生活的乐趣,促进自我身心的发展,加深成员之间的了解,建立团结、合作、友爱、互助的人际关系。

活动是心理发生发展的基础。关于这一点,前苏联心理学家维果茨基曾经指出活动是心理的本源,是心理发生发展的最主要因素。人的各种高级心理机能都是活动与交往形式不断内化的结果。[14]活动心理学理论的创立者列昂节夫也认为,人的心理发展是在他完成某种活动的过程中实现的,人是在活动中通过掌握社会文化经验促进心理发展的。[15]班级的主要职能之一就是通过开展丰富多样的活动来加深班级成员之间的了解、扩大他们之间的交往和对话、拓展其生命存在,促进自我完善和谐发展。从一定意义上讲,班级活动乃是班级的一种重要存在方式和表现形式。班级活动由于具有全员参与这一特性,因而能为班级所有成员发挥特长、发展能力提供一个大舞台。因此,在班级活动中,班主任才真正有可能贯彻心理健康教育的全面性、全体性和主动性等原则,促进每个学生个性主动、全面、健康与和谐的发展。

班级活动的范围十分广泛,这里主要是指由班主任组织的以班级为单位的各种课内课外教育活动。从活动的形式这个维度,我们可以将班级活动分为班会活动、仪式活动和社会实践活动。

班会活动

班会活动即班会课,传统的班会课主要是对班级学生进行思想品德方面的教育,但这种教育往往只是停留在对学生进行知识道理的灌输这一层

面，缺乏对学生情感体验方面的关照，故而很难深入学生心灵深处，其教育效果也是可想而知。随着班主任对学生心理健康的重视，班会课作为班主任疏导教育学生的一种形式，被班主任赋予了新的功能——心理辅导的功能。

"老师，老师，你能告诉我，我是从哪里来的吗？""妈妈现在越来越不喜欢我了，她说，如果我再不听话，她就要把我送回垃圾桶里，因为我是从那儿捡回来的。"……面对学生一张张稚嫩的小脸，一双双好奇的眼睛，我决定给大家上一堂"我从哪里来"的班会课，从了解植物延续后代的方式开始，继而了解动物的繁殖，最后生动形象地展示了小宝宝从精卵结合到十月怀胎的孕育过程，帮助学生体验生命知识，感知生命的形成过程。通过活动，让学生感受到生命来之不易，以及生命给自己和家人带来的喜悦，从而在他们心中埋下一粒"种子"——珍爱生命、感恩父母，迎接灿烂美好的人生。（详见第三篇 我的辅导我设计——小学班级心理辅导集锦之教案五）

融入心理元素的班会活动不但使班会课的内容更加鲜活充实、形式更加生动有趣，而且也加深学生的认知和情感体验，促进他们个性更加完满的发展，与此同时也有利于学生道德认知和道德判断能力的提高，从而使班会课达到"德""心"双收的效果。

仪式活动

小学阶段的仪式活动主要包括入学仪式、入团仪式、入队仪式、十岁仪式、入营仪式、毕业典礼等活动。这些在日常生活中不容易获得的情景，可以营造出某种特殊的情境和氛围，使学生的思想得到唤醒、灵魂得到洗礼、精神得到跃迁。这些仪式性活动从教育功能上来说都有一个共同的特点，即都是要促成学生从对家庭、对父母的依恋中转移出来，转而形成对班级、对同学乃至对社会的一种新的依恋。

十圈可爱的"年轮",记录下学生人生的第一个里程。为了让学生过一个有意义的生日,给他们留下终生难忘的记忆,学校大队部、三年级组的班主任老师们开展了一次名为"感动十岁 珍藏幸福"——三年级十岁生日仪式活动。在名为"我们十岁啦!"的班级心理辅导活动中,一张张成长的照片记录着流逝的岁月,一封封感动人心的书信深深触动父母和学生的心灵,十年的时光送给彼此一份爱的礼物。一个温暖的拥抱、一颗晶莹的泪花、一句感谢的话语……亲情在幸福中渐渐融化。在"时光的礼物"环节中,一张张绽放的笑脸、一个个精彩的瞬间、一次次努力的过程,都是学生们成长的见证。掌握本领、学会负责、懂得分享,"小橙果"们在表演和展示的过程中收获了一份份珍贵的礼物。"欢乐街嘉年华活动"更是学生们最最激动的时刻,拉近了家长与学生心灵的距离。整个仪式活动在学生和父母、学生和师长间架起一座"理解和爱"的心桥。(详见第三篇 我的辅导我设计——小学班级心理辅导集锦之方案三)

社会实践活动

社会实践活动主要包括参观访问、义务劳动、社会调查等活动。这些活动把学生与社会联系起来,让学生从封闭的课堂中走出去,投入社会大课堂,在真实情境中的实践操作与体验。帮助学生在实践中认识社会、适应社会,从而学会做人、学会求知、学会生存、学会发展。

为了给学生们提供广阔的舞台,为了给学生们提供自主的、充分的、可以自由支配的时间,帮助他们去课堂、学校以外的空间开展实践活动。假期里,我会经常组织学生按自己的兴趣组成"假日小队",给自己的小队取名,做小队旗,随后:"月光小队"利用假日去社区举办"爱心大放送"假期义卖活动,并把义卖所得捐给家庭困难的学生。"勇气小队"利用假日去社区向居民们宣传艾滋病的预防,倡议大家尊重、关爱艾滋病患者。"奇迹小队"利用假日在旧校舍即将推到之前按下快门,摄下学校风

貌,并举行了"怀旧摄影展",作品受到伙伴们的好评。"松鼠小队"利用假日去水产大学参观校园,与大学生们零距离的接触,体验了一回大学校园生活。"梅花鹿小队"利用假日去孤老院为孤老送笑声、送温暖。"Super Star小队"利用假日去延吉实验托儿所开展"大手牵小手"的活动,别看他们只有十一二岁,在小弟弟小妹妹们的眼中,俨然就是一个和蔼可亲的小老师。

社会实践活动使学生们能有机会走出校园,接触社会,让学生在参与中、在做中打开视野、挑战自我、发现潜能、感受喜悦,从而增长社会经验、提高综合素质。

六、辅导妙招

班级心理辅导要实现自己的目标,除了通过一定的途径来实施,还须运用相关的心理辅导技术或技巧。面对小学生,如果班主任在开展班级心理辅导时用灌输式的方法,学生会缺乏兴趣,教育的效果可想而知。为了能激发学生兴趣,达到较好的育人效果,活动中,我通常会用讲授式、直观式、游戏式、情感式、讨论式、情景式和合作式等手段,让有些空洞的大道理更容易被小学生接受。

讲授式　了解基本常识

就是针对小学低、中、高年级学生可能遇到的生理、学习、生活、交往等方面的问题开展系统的讲座活动,让学生了解一定的基本常识,对自己可能遇到的各种问题有一定的心理准备,并能采取一定的预防措施,做出正常的应急行为,并自我调整心理。

儿童性侵案并非个案,更令人担忧的是,许多学生自我保护的知识匮乏,不能正确认识自己的隐私部位,遇到性侵害茫然不知所措,甚至不知道这是危害自己的行为。上理工附小的班主任们分低中高三个年级段,为学生们开设了"做自己身体的主人"的系列讲座。通过讲座,使低年级学生了解人际互动中身体接触方面的基础礼仪,掌握礼貌待人接物的同时,避免被诱拐伤害的方法。中年级学生了解身体的隐私部位,以及自我保护的基本准则,不侵犯他人,懂得互相尊重;懂得分辨身体接触后的不同感受,克服怕事、羞耻的心理,学会对侵犯行为说"不";初步了解侵犯后的应对措施,相信爱的力量,珍爱生命。高年级学生掌握防止被诱拐和性骚扰的知识,增强防范意识;初步了解违背社会道德和法律的各种性侵犯以及严重后果,增强法律意识;对影视、网络、漫画等载体上的性信息有正确的判断能力,培养积极、广泛的兴趣爱好。

直观式 提高学习兴趣

在开展班级心理辅导活动中,班主任可以充分利用多媒体设备,既吸引学生的注意力,又让学生通过文字和画面的暗示,尽快地进入情景,帮助学生认知、体验,大大提高活动效益。

例如:"我从哪里来"中,一段"精子和卵子的结合过程"的影音资料让学生明白精子和卵子是怎样结合成为受精卵,并发育成胎儿的,使学生非常直观、形象、生动到了解自己是怎么来到这个世界的。把父母难以启齿又一时说不明白的关于生命起源的问题,从科学的角度介绍给学生。(详见第三篇 我的辅导我设计——小学班级心理辅导集锦之教案五)

游戏式 调动参与热情

游戏是孩子非常喜爱的活动形式,通过游戏能调动孩子参与活动的热情,收到较好的活动效果。

例如:"男孩和女孩"中,我设计了一个"X和Y"的游戏,将事先准备好的两个盒子里分别放上两种颜色的纸条,红色代表男性的性染色体,绿色则代表女性的性染色体,然后随机请一个同学郑重其事地从这两个盒子里分别拿出一条性染色体,打开配一配,看看生下的是男宝宝还是女宝宝?

通过活动,学生不仅对男和女性别的由来这个常识有了更感性的认识,也感受到了生男生女是自然界一件奇妙又偶然的事,要好好爱护生命。

情感式 激发积极情感

辅导活动中,学生的情绪会受到多种因素的影响,一段视频、一段文字、一段音乐……手段都能调动学生的情绪,激发他们积极的情感,促进活动目标的达成。

例如:"不当小红帽"中,面对着个别的案例,当学生们想出了很多好办法来应对认为会伤害自己的陌生人时,班主任郑老师话题一转,播放了一段新闻《"拾道德之荒"的陈贤妹》,通过这段视频,让学生们明白:生活中存在诱拐、骚扰、伤害等事情,在提高自我保护意识的同时,也不能因噎废食,对人存有过度戒心,因为世界上绝大多数的人都是善良的。(详见第三篇 我的辅导我设计——小学班级心理辅导集锦之教案三)

讨论式 提升思维能力

针对小学生辨别是非的能力还不太强的特点,活动中,班主任以学生成长中可能会遇到的问题为话题,组织讨论,让全班同学充分地发表意见,畅所欲言。通过讨论逐步形成集体的共识,根据团体动力学理论,这种班级形成的共识可以有力地影响集体中的个人观念和行为,对学生的智力和社会性发展起着重要作用。

针对中、高年级学生腼腆、不肯说的特点,班主任侯老师总是显得很有办法。在班级开展名为"身体红绿灯"心理辅导活动中,侯老师设计了"蒙蒙去邻居家碰到一个坏叔叔""公交车内,被触摸身体""亲戚来访,紧挨说话""突然被陌生人抱住"等情境,让学生展开讨论,边演边设计办法,让学生知道如果遇到侵犯行为时,一定要沉着、机智,尽量保护自己的身体。侯老师想出的"投射"这一招,百试百灵,她把学生可能会遇到的事情设计成几个情境,让他们去思考、讨论,提升了学生解决问

题和思维的能力。（详见第三篇 我的辅导我设计——小学班级心理辅导集锦之教案六）

情境式 促进行为改进

情境式是小学班级心理辅导活动中常用的一种方法，因为它十分有效。活动中，班主任常常会根据一定的辅导目标进行情境设计，学生则通过角色扮演来感知与体验，在不知不觉中解决心理的疑惑和障碍。活动后，学生还会把活动中体验到的东西迁移到实际生活中去，并促进其行为的改进。角色扮演有很多不同的表述形式，如角色游戏、小品表演、心理剧、情景剧……

母亲节来临之际，我让全班同学共同参与了角色游戏——"我和蛋蛋有个约会"。为了更贴近所演的人物，在让学生来演演怀孕的妈妈时，我先让他们在自己的肚子上绑上沙袋，并在沙袋与肚子之间放上了生鸡蛋。随后我还设计了"捡纸屑""做操"等情境。通过体验，学生感受到了妈妈在怀自己时身子沉、活动不方便等困难，从而激起了学生对母亲的感激之情、对自己的生命也更加敬畏了。

合作式 弥补个人不足

活动中，班主任可以让学生通过小组合作来完成活动任务。一方面可以培养协作精神，另一方面弥补学生个人能力和知识的不足。

例如："身体小秘密"中，我让学生以小组为单位，参与一个活动"贴贴生殖器官"，男生合作完成男孩图，女孩合作完成女孩图。通过合作学习，学生们对男、女的隐私部位有所了解，并懂得随着自己慢慢长大，平时应该穿戴整齐，保护好自己的隐私部位，不能随便让别人看见或触碰。（详见第三篇 我的辅导我设计—— 小学班级心理辅导集锦之教案七）

第三篇　我的辅导我设计
——小学班级心理辅导集锦

根据小学生的年龄特点和在成长发展过程中的群体心理需求,依据教育学、心理学和社会学原理,我针对班级同学中存在的一些共性问题或困惑,尝试开展了一系列的班级心理辅导活动。通过一次次活动,帮助学生更好地认识自我、悦纳自我,改善与他人的关系,师生关系也变得更加融洽了。在这里,我将自己和同伴们在开展班级心理辅导中的一些方案、实录、教案与大家分享。

一、辅导活动方案

(一)迈好入学第一步——入学准备期活动方案

【心理分析】

孩子从幼儿园进入小学学习,是人生道路上一个重要的转折点,很多事物发生了质的变化。由于学习时间、生活制度、教学方式、师生关系上的骤变,以及学习负担的繁重,有部分学生出现疲劳、厌学等不适应现象……心理上亮起了"红灯",他们在心理和行为上不可避免地存在着一个适应的过程。

【实施目标】

1. 缓解新生入学之初的身心压力,实现平稳过渡,更快融入学校生活。

2. 促进新生养成良好的学习习惯，提高适应新环境、新规则的能力。

3. 培养新生爱校爱班、乐于交往的积极情感，成为一名快乐的小学生。

【实施对象】小学一年级学生

【实施时间】9月1日—10月1日

【实施过程】

第一阶段：为苗苗章增设子章

在新学期来临之前，结合学校的特色和育人目标增设了五枚子章，它们分别是：青松章、爱心章、五知四会章、五宝章、春风章。

雏鹰章名称	雏鹰章标示	争章要求
苗苗章		争到五枚子章：青松章、爱心章、五知四会章、五宝章、春风章，便可以获得"苗苗章"，戴上绿领巾，成为一名光荣的苗苗团员
子章：青松章		坐如一口钟，站像一棵松，走路挺起胸
子章：爱心章		我是中国人，我热爱我的祖国，牢记"爱国七知道"
子章：五知四会章		学习儿童团的"五知四会"，准备加入儿童团
子章：五宝章		眼耳手口脑，五宝都要用好，准时上课不迟到，专心听讲多动脑，举手发言不胆小，认真写字作业好
子章：春风章		鞠躬行礼，问早问好，给别人带去温暖与快乐

第二阶段：苗苗章启动仪式

开学后的第二周，我早早地来到教室门口，用亲切的笑脸欢迎着每一个学生。因为今天是特殊的一天，为了使刚入学的孩子们能更好地融入小学生活，适应新的环境，成为一名乖巧懂事的小学生，今天将举行新生争章启动仪式。

仪式在活泼的音乐声中拉开序幕，在仪式上，苗苗章以及它的子章同学生见了面，通过小品的演绎让学生们初步了解了"苗苗章"及子章的争章要求，使他们有了一次印象深刻的感性认识。

第三阶段：苗苗章进课堂

为了让小朋友对苗苗章和它的子章朋友有更直观的了解，我还把它们请进了午会课的课堂。通过争章课，小朋友们知道了要想早日带上绿领巾成为一名苗苗儿童团员就必须要争得苗苗章；知道了苗苗章及其子章的争章要求；学唱了儿童团团歌，学会了敬团礼。

第四阶段：争章墙上留足迹

不久，苗苗章以及子章在争章墙上安家落户。随后的日子里，每周的班会课上，我都会为上一周争章活动中表现突出的小朋友授予相对应的子章，对没争得章儿的同学提出希望；并明确告诉小朋友们本周我们将开始争的子章名称。

第五阶段：我与章儿共成长

最后将获得的"苗苗章"粘贴到学生们的《成长记录册》中，以鼓励和激励他们对小学生活的兴趣。在苗苗章和子章的陪伴、指引和激励下，孩子们从心理上顺利地度过了"学习准备期"。他们像变了一个人似的：他们和好习惯交上了朋友；他们懂得更加关心身边的同学；他们脸上的笑容更加灿烂了。

【活动效果】

通过争"苗苗章"的活动提高一年级学生入学适应能力，提高一年级学生适应新环境的能力，培养爱校爱班的积极情感；提高一年级学生适应学习内容、适应规则的能力，培养良好的学习习惯；提高一年级学生人际交往能力，促进乐于交往的积极情感。

（方案提供者：上海理工大学附属小学　戴璐）

（二）我的岗位我做主——中高年级班干部轮换制方案

【心理分析】

班干部改选后的某一天，在校门口出现了这样的一幕：

"我儿子考试考得跟他家孩子差不多，凭什么他可以当班干部，我儿子就没份？"

"老师，我家孩子这次竞选班干部落选了，现在怎么劝都不愿意去学

校了!怎么办呀?"

"你们老师也太偏心了吧,他老爸当个领导怎么啦?我们也不是好欺负的!"

……

翻开一些学生的成长手册,会发现有一些学生从始至终都是"三条杠"或"两条杠",而另外一些学生则始终是"一介平民"。这样的传统的班干部制度存在诸多弊端:单一、固定的班干部群体使班干部高傲自大、私心重;使非班干部自卑依赖、缺乏责任心,使家校之间矛盾产生,难以调节……

学生进学校的目的是接受全面的教育,使其能适应社会发展的需要。而社会的需要是全方位的,这一点是所有已经走上社会的家长都有切身体会的。为此,作为学生在学校里除了学习以外,更应该得到全方位的锻炼才行。多少年来,中小学的班、队干部都由学生选举产生,其中或多或少还体现了教师的旨意。能够当选班干部的都是班里的"佼佼者",他们听到的赞扬多、得到的鼓励多、锻炼的机会多、自我肯定的意识强,发展得自然也就更迅速。那些各方面都占优势的孩子却极可能从小学到中学乃至大学都在学生干部的岗位上得到锻炼和提高,为今后的持续发展奠定基础。

而对于大多数学生来说,因小干部的职位数相对较少,他们只能望洋兴叹。久而久之便由向往到失望到淡漠,消磨了自信心与自主性。也许有些孩子并不是那么优秀和出类拔萃,他们身上有这样那样的缺点,但瑕不掩瑜,只要给这些孩子均等的机会,给他们足够的信任,相信他们不会辜负老师和同学们的期望。

【实施目标】

1. 让每个孩子在学校得到最佳发展,让每个孩子都品尝成功的快乐。

2. 通过"轮流制"，我们将在班级众多的活动中给孩子们创造脱颖而出的机会，创造展示自己的天地，培养自主能力，使学生真正成为班级的主人。

【实施对象】小学中高年级学生

【实施流程】

面对上述情景我有了这样一个念头：是否能在班级活动中实行"班干部轮流制"，把班级还给学生，让每个学生都参与班级的管理之中呢？这对于培养学生的主人翁精神和提高自尊心、自信心，发挥学生的创造性、独立性以及建立民主的师生关系，都有着十分重要的意义。那么，如何通过班干部的轮流制，为学生创造一个自我管理的空间，使学生成班级的主人呢？具体做法如下：

第一阶段：设立职能部门

每个队员根据本中队的实际情况展开讨论，设立中队需要的相关职能部，如：策划委员、环保委员、体育委员、行规委员、学习委员、爱心委员、后勤委员……（附件1）

第二阶段：明确各部职责

首先，明确班干部的意义，激发学生争做班干部的热情；接着，讨论各部门的职责；最后，根据班级需要设置各部门直属下的岗位。（附件2）

第三阶段：寻找服务岗位

每个队员根据自己的能力、特长、喜好选择各部门直属下的岗位。（附件3）

第四阶段：上岗服务集体

从学校少代会闭幕起一个月中，在自己寻找的岗位上为集体服务。

第五阶段：岗位自评互评

一个月后，队员对自己在本岗位服务情况进行自评，随后在班中进行互评。每个部门直属下的岗位考核前两名分列为相应部门中队委员和小队长。

最后，广大队员与部门委员进行双向选择，产生小队长。

第六阶段：部长考核

在以后的日子里，各职能部的部长为集体认真服务一学期。同时，班内设立了"星星榜"，利用班、队会课的时间对一周内每个班干部完成任务的情况进行考评，完成得好的班干部就在"星星榜"上贴一颗小星星。

一个月内有三周获得小星星的可换一颗大星星，一个学期下来如果获得五颗大星星的班干部将获得"荣誉队长"的称号，同时获得一张"荣誉队长"的荣誉证书（贴在班级荣誉墙上，毕业时发回给队员），并从那一刻起直至五年级毕业，他的成长手册将输入相对应的班干部经历。（备注：在以后的日子里这些"荣誉队长"除更加严格的自律外，还将持之以恒、竭尽所能继续协助新上岗的队长做好班级管理工作，否则将取下"荣誉队长"的荣誉证书并重新认定。）

第七阶段：换届上岗

新一学期，除"荣誉队长"外，其他队员继续参与新学期队长竞选，方法同上，以此类推。

【实施效果】

班干部轮换制的建立体现了校内教育公平，它唤醒了学生的主体意识，提高了学生对班级管理的参与程度，让每个学生得到锻炼机会，培养了他们的责任感、人际关系、与他人合作的协调能力。

【实施反思】

现在很多家长为了给孩子提供锻炼机会，不得不高价让孩子接受社会上的一些机构提供的锻炼机会。但我们有理由相信：星星之火，可以燎原。作为班主任的我们应该从现在起为学生们做些什么。我想：班干部轮流制的探索和实践意味着每一个学生都有机会施展才干，锻炼能力，让我们期待更多的教师能给更多的学生提供平等锻炼发展机会。

【附件1】

```
                        彩蝶中队
    ┌──────┬──────┬──────┬──────┬──────┬──────┐
  策划委员 环保委员 体育委员 行规委员 学习委员 后勤委员
```

【附件2】

1. 策划委员职责：①组织队员参加学校各类活动
   ②策划每周的班队会
   ③班级环境布置和维护
2. 环保委员职责：①宣传环保、科技理念
   ②组织队员参加学校各类环保、科技活动
   ③班级环保角、科技角的布置和维护
3. 体育委员职责：①组织队员参加学校各类体育活动
   ②带领队员参加每日的阳光锻炼
   ③帮助队员会做、做好两操
4. 行规委员职责：①组织队员自创各类桌面游戏
   ②带领队员有序学习、生活
   ③帮助行为有偏差的队员共同进步
5. 学习委员职责：①组织队员参加学校各类学科竞赛活动
   ②协助老师的有序教学
   ③帮助学习上有困难的队员

6. 后勤委员职责：①维护班中公共财物

②保障队员学习、生活所需

③为队员学习、生活带来便利

【附件3】

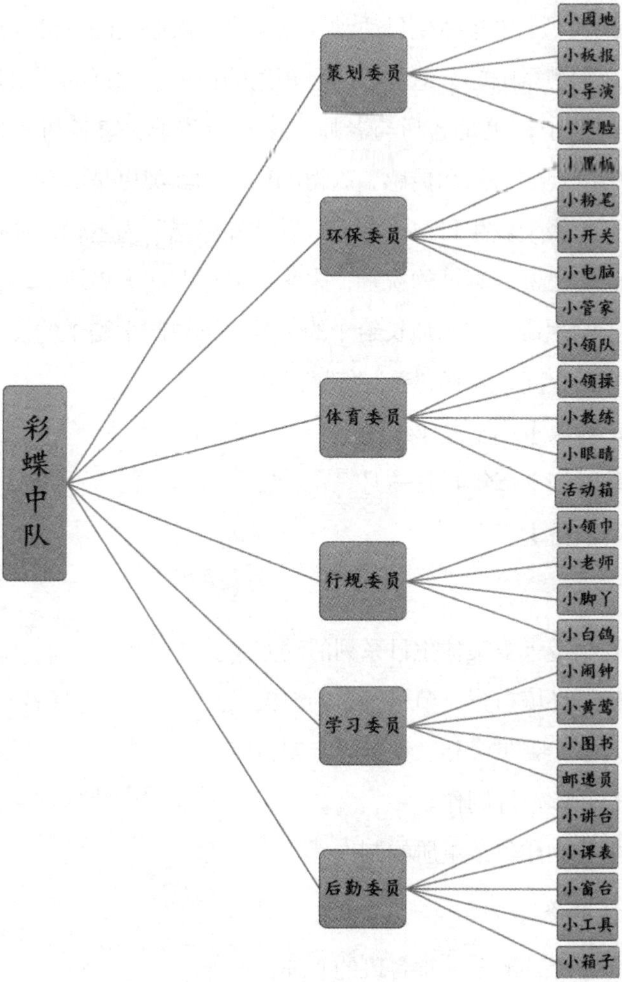

```
彩蝶中队
├── 策划委员
│   ├── 小园地
│   ├── 小板报
│   ├── 小导演
│   └── 小笑脸
├── 环保委员
│   ├── 小黑板
│   ├── 小粉笔
│   ├── 小开关
│   ├── 小电脑
│   └── 小管家
├── 体育委员
│   ├── 小领队
│   ├── 小领操
│   ├── 小教练
│   ├── 小眼睛
│   └── 活动箱
├── 行规委员
│   ├── 小领巾
│   ├── 小老师
│   ├── 小脚丫
│   └── 小白鸽
├── 学习委员
│   ├── 小闹钟
│   ├── 小黄莺
│   ├── 小图书
│   └── 邮递员
└── 后勤委员
    ├── 小讲台
    ├── 小课表
    ├── 小窗台
    ├── 小工具
    └── 小箱子
```

（方案提供者：上海理工大学附属小学　戴璐）

（三）感动十岁 珍藏幸福——三年级"十岁"仪式活动方案

【活动目标】

十岁是一个快乐的纪念日，是孩子成长的第一个里程碑，也是他们人生新的起点。"十岁集体生日活动"无疑是一次心灵的触动和洗练。活动的过程重在和谐氛围的营造和心与心距离的拉近。拉近的不仅是老师与家长、老师与孩子，更是老师与老师、孩子与孩子、家长与家长的心灵距离。其中所闪现的智慧和灵感、赢得的信任和默契更是活动成功的重要原因。本次三年级十岁生日仪式活动，以"知感恩"为主轴，通过"生命的啼哭，成长的足迹，真诚的祝福，未来的畅想"四大模块活动，让学生感恩父母赋予的生命，感恩师长给予的关爱，感恩同学赠予的友谊，感恩自然授予的生存空间，发扬"善"能量。

【活动对象】小学三年级学生

【活动时间】每年4月—5月

【活动准备】

学校准备

1. 策划制定十岁集体生日系列活动方案。
2. 学校的环境布置，节日气氛的渲染。
3. 召开家长委员会和家长学校专题讲座。
5. 成长回顾短片制作。
6. 学生礼物和争章手册的制作。

班主任准备

1. 合作备课，准备一堂各班的心理辅导课。
2. 各班学生优秀作品的设计布置和展示。

3. 温馨教室的环境布置,节日气氛的渲染。

4. 配合艺术组完成年级节目表演的策划与排练。

5. 嘉年华活动内容的安排和准备。

学生准备

1. 整理自己的成长照片。

2. 用写信的形式记录成长过程中的难忘经历,与伙伴和家长共同分享成长的体验。

3. 参与班级心理辅导活动。

4. 参与仪式活动、节目排练。

5. 参与"嘉年华"体验活动。

家长准备

1. 安排出时间参与家长学校以及"十岁生日"的系列活动。

2. 帮助孩子整理他的成长照片。

3. 准备一份送给孩子的礼物。

4. 帮助孩子搜集成长中留下的足迹(比如奶瓶、宝宝衣或是成长录像等),一起回忆成长过程中印象深刻的一样物件或是一件事情,用写信的形式记录下来。

艺术组准备

1. 设计指导各班在仪式活动中的展示节目。

2. 配合大队部做好仪式活动展示的各项工作。如化妆、音乐、道具、催场等。

3. 利用整合好课堂,并与班主任老师沟通协商排练的时间。

4. 美术组负责各班签名展板的设计,以及协助班主任完成班级环境的布置。

体育组准备

1. 协助班主任设计各班嘉年华活动项目,并提供道具支持。
2. 展示活动当天,负责各班的嘉年华活动,做到有序安全。
3. 展示活动当天,场地的安排以及安全工作。

【活动过程与内容】

十岁成长仪式系列活动项目安排表	
活动主题	活动项目
"我们十岁啦!"班级心理辅导	——成长回顾、品读书信 ——十岁礼物、分享蛋糕
"时光的礼物"欢乐剧场	成长系列歌舞情境创意剧目展演
"欢乐街"嘉年华活动	——"馋老虫"美食街 (用奖券换取美食,每份小食需要二枚橙果章) ——"好小囡"亲子街 (参加游戏赢得奖券,每参加一次可获得一枚橙果章) ——"小辰光"游戏街 (参加游戏赢得奖券,每参加一次可获得一枚橙果章) ——"易品汇" (用奖券换得物品)

【活动总结】

1. 三年级组教师在全校教工大会上的活动总结。
2. 三年级组的老师、家长、学生在《齐翼报》上的活动反馈。
3. 三年级组的老师和学生代表在校会课上的活动总结和回顾。
4. 所有视频、照片、体悟心得的资料收集、展示、存档。

【附件1】

童愿分享 十岁畅想——三年级十岁集体生日活动调查表

同学们,马上就要迎来期盼已久的十岁集体生日活动了。希望,作为小主人的你能够共同来出谋划策,那就赶快写下你真实的想法和愿望吧!

1. 你最希望在哪里过十岁集体生日？（　　）

   A学校　　B班级　　C餐厅　　D公园　　E其他

2. 你想和谁一起过十岁集体生日？（可多选）（　　）

   A父母家人　　B老师　　C同学　　D好朋友　　E其他

3. 你最喜欢十岁集体生日活动中的内容？（　　）

   A舞台展演　　B主题班会　　C亲子游戏　　D作品展示　　E其他

4. 你希望收到什么生日礼物？（　　）

   A零食　　B文具　　C书籍　　D玩具　　E其他

5. 你最希望自己在十岁集体生日活动中展示的本领？（　　）

   A书画作品　　B手工制作　　C乐器演奏　　D唱歌跳舞　　E优秀作业

   F朗诵表演　　G其他

6. 你觉得十岁集体生日怎样过最有意义？（　　）

   A分享蛋糕　　B生日派对　　C互赠礼物　　D才艺展示

   可以说说你的想法 _____

   _____

7. 请你设计一次十岁集体生日活动或是请家长来帮忙提供一些金点子。_____

   发挥想象 畅所欲言吧！_____

   _____

   _____

【附件2】

我们十岁啦！——三年级心理辅导活动教案

【活动目标】

认知：让学生意识到，我十岁了，长大了，可以为身边爱我的人做些力所能及的事。

情感：让学生感受到自己成长的十年来的成长过程中，受到了很多的关爱。

行为：学会用不同的方式来感谢这十年来关心自己的人。

【活动过程】

一、观看十年成长片段

1. 观看十年中孩子成长的小片段。

2. 谈谈看了成长片断后的感受。

二、十年飞行棋游戏

我们之所以生活的幸福我想离不开身边这么多关爱我们的人，上周老师让你们和家人一起回忆了十年飞行棋的故事：

1. 十年飞行棋游戏规则。

2. 学生进行游戏。

3. 游戏交流。

三、关爱默契比赛（家庭互动游戏）

1. 游戏规则。

2. 进行游戏。

3. 游戏交流。

其实，家人为我们付出的爱要远远大于我们回报给他们的，而他们并没有怨言，相反，为我们每一个小小的关爱而感动。

四、感恩十岁

1. 观看故事片《大树和孩子》。

2. 我们能为爱我们的人做些什么？

五、歌曲：爱因为在心中

送给所有十年中关心和爱护我们的人！

【附件3】

时光的礼物 ——成长系列歌舞情境创意剧目展演

（播放《生日歌》，班主任带领学生在事先划分好的区域内坐下，家长落座。）

（铃声）亲爱的老师们、家长们和小伙伴们，"时光的礼物"成长系列歌舞情境创意剧目展演暨十岁集体生日主题秀正式开始啦！

展演剧目：

三（1）班春之声　　　　自信

三（2）班动物大狂欢　　友爱

三（3）班丛林家园　　　勇气

三（4）班童心舞蹈　　　健康

三（5）班最炫中华小戏娃　责任

三（6）班梦幻精灵　　　纯真

（马蹄声）

A：滴嗒，滴嗒，滴嗒，滴嗒，

B：听！时间的小马车来了。

C：马蹄声越来越近，越来越响。

D：听说小马车里装满了礼物。

E：我想，那就是传说中最神奇的"时光礼物"。

F：每个孩子只要能够拥有它，就能获得成长的能量。

A：究竟时光礼物有多少神奇的魔力呢？

B：那就让我们循着马蹄声一起去探索这个神秘的世界吧。

齐：出发！

三（3）班丛林家园：

A：童年时的我们充满好奇，探索世界凭的就是勇气和坚持到底的决心。

B：小小的辛巴就算遇到挫折和困难也不放弃，因为要成为丛林之王就需要付出更多的努力。

A：在成长的时光里，我们也会经历很多的第一次。第一次自己吃饭、穿衣服，第一次自己理书包、完成作业，第一次自己过马路、乘地铁……

B：（马蹄声）看！时间小马车上送来一件礼物，快来看看吧！

A："勇敢"——原来这是我们收获的第一件时光礼物，因为只有勇敢的面对才能不断成长。

B：太棒了！太棒了！时间小马车飞驰如电，我们赶紧加快脚步继续追行吧。

三（6）班梦幻精灵：

C：这就是我童年的梦境吧？童话世界里邪恶永远都会失败，王子公主会永远幸福地生活在一起。

D：是呀！就算成长会历经千辛万苦，充满酸甜苦辣，但它依旧拥有梦想！

C：我喜欢美好的结局，我更相信世界是美好的。

D：（马蹄声）瞧！时间小马车为我们也留下了一件礼物，快来看看吧！

C：纯真？这就是我们的时光礼物吗？

D：是呀，拥有纯真的心灵，成长才会拥有更多的美好和幸福。

三（2）班动物大狂欢：

E：哎，真没劲。一个人的时光总是那么孤单寂寞。

F：刚刚和小伙伴们一起徜徉在大自然中快乐舞蹈，真开心！你看，这是时间小马车送给我的时光礼物——"友爱"。

E：是呀！我们的学习、生活和游戏处处都离不开可爱的伙伴和朋友。

F：友好相处、互相帮助，有爱的地方就有欢乐。

E：（马蹄声）看，那不是时间小马车吗？还等什么，快走吧！

F：好嘞！让我们一起为成长注入"友爱"的能量。

三（5）班最炫中华小戏娃：

A：（马蹄声）哎？看见了吗？刚刚时光小马车给那些小朋友们留下了一个大大的礼物！

B：听说那是一件非常珍贵的时光礼物。拥有它就能让我们的成长历程不仅有意思，而且变得更有意义。

A：这份礼物叫"责任"，听上去有点难，但是我们也能做到。

B：是呀！就像那些可爱的小伙伴，他们正在用自己的实际行动弘扬民族文化。

A：这就是"责任"的意义，需要靠智慧和不断的努力加以传承。

B：我也特别想拥有这件时光礼物，我们也一起加油吧！

三（4）班童心舞蹈：

C：小伙伴们，我们十岁啦！

D：（马蹄声）看，时间小马车给我们送来那么多的时光礼物。

C：勇敢、纯真、友爱、责任！

D：还有无限的健康活力，阳光自信。

C：成长真是件无比快乐和骄傲的事情。

D：我们收获的将是面对未来的希望和动力。

C：让我们一起舞动起来，为我们的成长喝彩！

三（1）班春之声：

E：时光把春风带给树枝，

F：让小鸟快活的飞上蓝天。

E：时光把青草带给原野，

F：让千万朵鲜花张开笑脸。

E：时光把阳光带给山谷，

F：让积雪化成淙淙的泉水；

E：时光把细雨带给田地，

F：让种子闻到泥土的香味…

E：时光悄悄地把你们带到了校园，

F：让你们成为了齐一最最珍贵的礼物。

（所有节目上场谢幕）

A：让我们一起来认识一下这些可爱的集体和伙伴。

B：感谢你们用自己的努力和汗水，为家人和师长呈现了一台精彩的演出。

C：首先介绍爱音乐、爱艺术的三（1）中队。今天领唱的是XXX的妈妈，她曾获得过上海青年歌手大赛三等奖。一首《春之声》唱出了春天的美好和希望。

D：接下来，介绍的是团结友爱的三（2）中队，他们带来的"动物狂欢节"，上天入地又下海，热闹纷呈却又诙谐有趣。

E：紧接着介绍三（3）中队，天真烂漫、天马行空的他们演绎的一出"丛林家园"，"哈库拉，玛塔塔"让我们感受到了队员们无穷的快乐能量。

F：三（4）中队在哪里呀？体育节上的常胜将军们，今天我们都感受到了阳光活力的运动达人们身上所散发的光芒！

A：还有三（5）中队，这支如劲量电池般永远活力四射的精灵团队，今天每个人的出彩亮相背后是人家共同认真、努力的结果。感谢全能八爪鱼×××爸爸倾情演绎的包公和无私提供的帮助。

B：最后还有我们的三（6）中队。纯真可爱，充满浪漫色彩。他们的舞动让我们感受到了童年的欢愉和幸福的生活！

　　C：幸福就像春天的微风，柔柔的，轻抚着脸庞。

　　D：幸福就像可爱的棒棒糖，甜甜的，甜到了心房。

　　E：幸福就像是一首歌，怡然自得放声歌唱。

　　F：幸福就像现在，能和你们，我最最亲爱的人共同分享。

　　齐：让我们一起唱起这首幸福快乐的歌，

　　　　因为幸福快乐的孩子（齐）爱唱歌。

　　（家长、师生齐唱《幸福的孩子爱唱歌》）

　　亲爱的老师们、家长们和小伙伴们，"时光的礼物"成长系列歌舞情境创意剧目展演暨十岁集体生日主题秀到此结束啦！

（方案提供者：中国福利会少年宫　孙轶）

二、辅导活动实录

　　（一）小身材大能量

　　在平时队集体创建的过程中，我始终秉持着这样一个理念：教会学生——自己的集体自己创建，自己的家园自己设计，自己的环境自己打理。如：在布置环保角的动员会上：

　　有的孩子说："我们最喜欢喜羊羊了，让它和它的伙伴做我们环保的代言人吧！"

　　有的孩子立刻呼应道："好呀！我来设计宣传牌！"

　　"今年上海要举行世博会，中国馆不能少，我回家用废旧木料做个中国馆，怎么样？"

　　"对呀！我来做穿着少数名族服装的海宝，好吗？"

　　……就这样，我一句，你一句，环保角的雏形诞生了。

虽然孩子们的年龄还很小，但是他们有着无穷想象，是他们的奇思妙想成就了这个温馨的"家"，真可谓：小身材也有大能量。

（实录提供者：上海理工大学附属小学　戴璐）

（二）书香飘飘

生活的快节奏，过重的课业负担，纷繁的电子产品，使得很多孩子没有静心阅读的习惯，于是，在征得儿子同意后我将他喜欢看的几本书带进了教室，放在了显眼的讲台上。

"老师，这是谁的书呀？"一个小男孩好奇地问我。

"是我买给儿子的，你想看吗？"我试探着问他。

"想呀！"

"我也想看！"

就这样，儿子的书在班级里传开了，随后，很多孩子也学着我的样子从家中带来了自己喜欢看的或是已经看完的书与伙伴们分享。建立图书角后，每天课间休息、午餐后、自修课上，静心读书的孩子成了班里一道靓丽的风景线，班级渐渐形成了快乐阅读的氛围，同学们将学习由课内延伸到课外，大大拓宽视野。

现在每学期开学初，学生们都会纷纷从家中带来五花八门、八九成新的图书，为"书香飘飘"输入了新鲜血液，"资源共享"俨然成了一条不成文的规定。

（实录提供者：上海理工大学附属小学　戴璐）

（三）走进花季之过独木桥

师：想象一下，现在教室前面这一片就是波涛汹涌的汪洋大海，有一座独木桥连接两岸。要完成这项任务的同学将面临一个很大的挑战，桥面

真的很窄,两个人要相向而过,还不能掉进海里?有什么好办法可以过去呢?

生:我把他背过去。

师:两个人要相向而行的。

生:我和我的同桌抱紧对方过河。

(第一组)

师:来,请你们上来试一试。让我们鼓鼓掌。他们的经验是抱紧,谁愿意尝试这样的经验。

(第二组)

师:容易吗?太容易了!很好的经验。

(第三组)

师:谁还想玩?还有一个我来帮你挑。

师:过了吗?你的脚都踩到这里了。再来试试好吗?过了吗?两次都没有过。你过的代价是他掉海里了。为什么你们俩过不了?你说说看。

生:我们没有提前商量好。

师:你们可以商量的,你想跟他商量吗?你怎么跟她商量?男生过,女生过,是因为他们抱得紧,你们刚才为什么不肯用这个经验呢?

生:……

师:你们认为是什么原因?

(第四组)

师:你来,你来。你们两个刚才都玩过的,为什么这次没过?你刚才抱她和现在抱他,感觉一样吗?为什么?你呢?一样吗?你不愿意和他紧紧抱在一起,所以失败了。

师:让我们一起先来看看弟弟妹妹玩这个游戏时候的场面。

师:刚才我们看见弟弟妹妹很轻松地过了河,这是为什么呢?你们小时候一起玩游戏的时候抱过吗？抱过的请举手。那个时候我们觉得没关系，现在是不是有顾虑了？

师：我们再回到之前提的这些问题，这堂课即将上完，从之前提了那么多的问题，到这堂课我们经历了这么多的体验，你有什么样的感想？

生1：原来除了我自己，别的同学也有很多问题。

生2：即将到来的青春期是很神秘的，不可思议的。

生3：我知道了，每个人都有青春期。

生4：通过其他同学的分享，我知道了进入青春期身体会有很多的变化。我很期待它，希望能够看到自己以后长大的样子。

师：之前有没有感到很担心的同学？

……

师：原来我们之前有这么多的担心，今天我们知道青春期那么神秘也那么美好，我们会共同经历，大家一起加油！

（实录提供者：上海理工大学附属小学　戴璐）

三、团体辅导教案

（一）心情多面镜

【辅导目标】

1. 协助孩子辨识自己和他人的心情和感受。

2. 帮助孩子了解自己日常生活中的心情状态。

3. 认同积极的情绪有益身心健康。

【辅导对象】小学二年级

【辅导准备】

1. 教师

（1）制作多媒体课件。

（2）抽签桶。

（3）故事。

（4）学生活动纸（各种情绪图片、情绪脸谱）。

2. 学生

（1）了解人的各种情绪名称。

（2）学生准备彩色纸。

（3）引人发笑的办法。

【辅导时间】35分钟

【辅导过程】

1．了解心情

> 说明：通过一段情绪视频的欣赏，让学生对所学过的"人的各种情绪名称"进行一个回顾，并出示课题。

（1）出示一段轻松诙谐的视频。

说说你现在的心情。

（2）了解心情。

①（回顾视频上的照片）透过这些表情，你能猜出他们当时的心情吗？

②生交流。

（3）揭示课题"心情多面镜"。

2．天气——心情

> 说明：出示各类天气的图片，让学生知道天气有晴有雨也有阴。随后通过找一找心情和天气的相似处，用隐喻的方式形象地了解心情。

（1）人的心情就像大自然的天气，有晴有雨也有阴。你觉得这种表情像哪一种天气呢？

（2）找一找表情和天气之间的相似之处。

3．脸谱—心情

> 说明：通过活动"我的情绪脸谱"，帮助孩子了解自己日常生活中的情绪状态；知道人的心情会随着事情发生变化，不同的人对相同的事情也会有不同的情感体验。通过"世界大笑日"的介绍让孩子们感受到情绪是可以感染人的，要保持快乐的心情。

（1）【引子】辨别两张情绪脸谱。

（2）活动"我的情绪脸谱"

① 用简单的线条画脸谱，表达在不同的生活情境中的心情感受。

② 交流分享。

③ 小结：人的心情会随着事情发生变化，不同的人对相同的事情也会有不同的情感体验。

（3）介绍"世界大笑日"。感受快乐，要每天保持好心情。

4．颜色—心情

> 说明：通过活动"心情彩虹"，让学生了解颜色可以表达各种心情，体会每个人对颜色的不同感受。同时，让学生了解到颜色会影响人的心情，通过"小小粉刷匠"活动，让学生感受颜色的奇妙作用。

（1）欣赏美丽的照片。

照片中的这些颜色给你什么感受？

（2）活动"心情彩虹"

① 请一个同学抽一张写有心情的纸条，其他同学选择一种颜色来表达这种心情。

② 学生活动。

③ 交流分享。

（3）活动"小小粉刷匠"

① 听一个小故事。

② 听了故事，你有什么感受吗？

③ 小组合作，选择合适的颜色来布置"教室、病房、甜品店、游泳池"。

5.动作、表情—心情

> 说明：人的表情是心情的写照，通过活动"看动作猜心情"，来辨别他人的心情，懂得"快乐、得意、害怕、生气"的表达方式，进一步了解小伙伴。

（1）活动"看动作猜心情"

① 出示一些心情词，请一个同学用动作、表情演一演，其余学生猜一猜。

② 学生活动。

（2）总结：带着这份快乐让我们和小动物们一起来跳个快乐心情舞吧！

最后祝愿所有的小朋友每天都能拥有好心情。

（教案提供者：上海理工大学附属小学　戴璐）

（二）走进花季

【辅导目标】

1. 了解并熟悉花季期的生理变化。

2. 体会花季期心理微妙的变化。

3. 增进对同龄人异性的了解和接纳。

4. 以一颗平常心正确对待花季。

【辅导对象】小学五年级

【辅导准备】

1. 人文动画

（1）《人生不过一张床》了解人的一生

（2）《美好的青春》

2. 小知识

男生

（1）《青春密语（男生）》青春期的男孩变声、喉结等【2：08】

（2）《男孩心事（声音的烦恼）》【2：32】

（3）《男孩心事（遗精的困惑）》【0：30】

女生

（1）《青春密语（女生）》青春期的女孩生理变化，月经、乳房发育等【2：56】

（2）《女孩私事（卫生巾的贴心事）》【4：08】

（3）《女孩私事（娇嫩的小蓓蕾）》【0：35】

共同《神奇的荷尔蒙》【0：50】

3. 评价游戏

（1）《接苹果（男）》

（2）《接苹果（女）》

4. 问卷调查

（1）课前问卷

青春心情小调查（课前）

（2）课堂调研

"我进入花季了吗？"（男）

"我进入花季了吗？"（女）

青春心情小调查（课堂）

5. 体验活动

青春小调查（采访父母、长辈的青春期感言）

6. 互动交流

写下对"花季"，自己的一些困惑、一些烦恼、一些心事……

【辅导时间】35分钟

【辅导过程】

1. 问题引入

> 说明：课前，让学生通过"人文动画"、"课程资源库"对人类成长的各个时期有一个感性的认识，知道自己正处于"准青春期"。同时，通过《青春心情小调查（课前）》《我进入花季了吗？（课前）》的自测，让学生准确的知道自己是否已进入花季；同时也让教师了解班中学生的心理，对发育情况有一个精准的统计。课堂上，从学生的问题入手，浏览分享大家在"男孩女孩"云课程的"互动交流"平台上留下的问题。

（1）大家还记得吗？上节课我们在男孩女孩的云课程平台上都做了些什么？让我们先来回顾一下。我们看了"人文动画"、浏览了"课程资源库",这是我们的视频观看率,我发现大家对《人生不过一张床》、《神奇的荷尔蒙》还有《美好的青春》特别感兴趣。

【PPT】视频观看率

我们还做了一份《青春心情小调查(课前)》、进行了自测《我进入花季了吗》,一起来看看相关的数据,老师发现我们大部分同学还没有正真进入花季。

(2)我们还在互动平台上留下了许多问题,让我们来看一看。

【PPT】"互动交流"平台

(3)师:第一页:有的同学提出了——(读前面四个问题),这些问题都提得非常好。

第二页:第二页还有那么多问题:男生有多少雌雄荷尔蒙?这个问题很有意思。

男生有月经吗?老师现在就来告诉你男孩是没有月经的。

第三页:冬天衣服穿得多,可以不戴胸罩吗?这肯定是我们女孩子关心的。

荷尔蒙有第三种吗?

第四页:这也是关于荷尔蒙的,对荷尔蒙大家都很有兴趣!

2. 走进花季——身体篇

> 说明:教师将问题进行梳理,引入课题。随后,同伴间根据共同的问题再次浏览《花季画册》,一方面让学生选择彼此感兴趣的内容进行观看,并解决困惑,另一方面通过热点追踪、分享让教师了解学生花季话题解决情况。最后的"苹果"的评价游戏则是男孩女孩对各自身体的变化的巩固。

（1）师：整整4页，看来大家想要了解的问题还真不少！【PPT】课前老师将这些问题进行了梳理，发现大家感兴趣的问题主要分为以下两类，一类是生理方面的。像……这些问题其实在我们的小知识里面都有答案，可能有些同学在浏览的时候没有注意到，小熊，请把你的iPad投上去，待会儿请同桌两个人选择一个感兴趣的问题，进入资源库，点击"小知识"再来仔细看一看，找找答案。

【iPad】小知识

通过分享你们解决了什么问题？（4-5人）

（2）看来你们对青春小知识又有了不少的了解，下面就让我来考考大家。小熊，请把你的iPad投上去，待会儿请大家进入资源库，点击"评价游戏"——"接苹果"玩一玩。

《进入青春期后的身体》（女）了解女孩发育大不同

《进入青春期后的身体》（男）了解男孩发育大不同

（3）小结：我们来看看通关率，男生是××%，女生是××%，祝贺这些同学。有些同学有点小遗憾，没关系，下次还有机会。好，现在让我们再来看看先前提的这些问题，通过刚才浏览了小知识已经解决了，还有一些生理问题，如：……在我们的小知识里面是没有答案的，但是它们都是一些很有意思的问题，我们回家可以上网在百度百科里找找答案。

3. 走进花季——心理篇

说明：通过"过独木桥"游戏，不但让学生感性地认识到渐渐进入花季期的自己在心理上发生了一些微妙的变化，而且也感悟到要做好充分心理准备去迎接花季，以一颗平常心度过花季。而当堂《青春心情小调查》的测试，与之前课前《青春心情小调查》进行比对，了解通过学习后，孩子们心理的微妙变化。

（1）师：除了生理方面，还有一类就是心理方面的，比如……今天我们这堂课就重点来探讨这方面的话题。首先让我们来做一个"过独木桥"的游戏。想象一下，现在教室前面这一片就是波涛汹涌的汪洋大海，有一座独木桥连接两岸。要完成这项任务的同学将面临一个很大的挑战，桥面真的很窄，两个人要相向而过，还不能掉进海里？有什么好办法可以过去呢？

你们两个来试试看。（男生一组、女生一组）

你们看到他们是怎么配合的？

你们成功了，心情怎么样？

（2）师：（混合一组）为什么男生组、女生组都顺利过去了，而你们却过不了呢？

【问游戏的学生】你为什么要用"自杀"的方式来成全他呢？

你碰也不敢碰他，是不是觉得有些不好意思呀？如果对面是个男生你会这样吗？

当你和他（她）靠得很近的时候是不是觉得有些难为情？

你是不是觉得有些尴尬？

面对这件事你是不是觉得有点难为情？

你玩这个游戏我感到你很紧张，是吗？

你平时是一个很活泼开朗的人，我觉得你在做游戏的时候应该是很大方的，但是我觉得你今天好像有点拘谨，是吗？如果对面是个男生你会这样吗？原来还是男女有别呀！

【问下面的学生】刚才当我叫到他们上来做游戏的时候我发现有些同学在下面起哄，老师不太明白，你们能告诉我为什么吗？

你刚才笑得很开心，能说说为什么吗？没关系，有谁能替他回答吗？

你们觉得他为什么笑得那么大声？

【成功】这两个同学真的很厉害,我教了那么多的班级,男女生一起玩这个游戏成功的概率是很低的,你们居然成功了。刚才他们上来玩游戏的时候,下面就有同学在笑他们,你们为什么笑呀?你们是不是觉得他们不会成功?他们能够成功多不容易呀!我来采访你们一下。面对下面同学的哄笑,你是不是觉得有些羞怯?你是不是克服了这个羞怯心理才取得成功的?

(3)面对这样的游戏大家为什么会觉得羞怯呢?你们想过吗?让我们来看看弟弟妹妹玩这个游戏的场面。

【视频】弟弟妹妹玩游戏的场面

你觉得他们做游戏的感觉和我们刚才有什么不同?

他们为什么心情很放松?你们为什么觉得难为情?

(4)师:是呀!慢慢长大的我们在男女生的交往过程中从原先的亲密无间变成了亲密有间。看来即将进入花季的我们,不仅在生理发生了很大的变化,我们的心理也发生了一定的变化。

(5)你们记得吗?课前老师给大家做过一次《青春心情小调查(课前)》,面对青春期,我们有各种各样的心情。小熊,请把你的ipad投上去,待会儿请大家进入资源库,点击"问卷调查",再来做一次《青春心情小调查(课堂)》,看看会有什么不一样吗?

① 让我们来看一看!蓝色代表男生,粉色代表女生。我们发现面对花季:

女生的选择是羞涩的、忐忑不安的、灿烂的、快乐的……

而男生们则觉得是期待的、美好的、快乐的、幸福的……

② 师:你们期待什么呢?为什么你觉得青春期是快乐的?它为什么是羞涩的?……能不能就你选择的关键词来和大家分享一下呢?

③ 让我们先在小组里交流一下，待会儿每组请一名代表来分享。

④ 谁愿意来交流一下你的感受，或者是听到了些什么？

（教案提供者：上海理工大学附属小学　戴璐）

（三）不当小红帽——防止诱拐和伤害

【辅导目标】

1. 知道世界上绝大多数的人都是善良的，但生活中存在诱拐、骚扰、伤害等事情，要提高自我保护意识。

2. 思考当遇到有人提出要送我回家等情形时，如何机智应对。

3. 了解不要因为个别的案例，而因噎废食，对人存有过度戒心。

【辅导对象】小学二年级

【辅导准备】多媒体PPT

【辅导时间】35分钟

【辅导过程】

1. 看各种各样的人

（1）【出示一段视频】你在片中看到哪些人？

（2）在这个世界上存在着各种各样的人，不同的年龄、不一样的职业。在平时的生活中，你遇到过哪些人？老师这里有一张人际网络图，请你把和你有过接触的人连起来。

（3）把你们的网络图举起来给老师看看，哇！原来你们平时要和这么多的人打交道呢，在这个过程中，你有什么感受呢？请你选择一个例子来说一说。

（4）看来同学们在与人交往的时候，会有担心也有烦恼，今天我们就来聊一聊这个话题。

2. 明明的故事

（1）【数字故事】明明最近遇到了一件麻烦事，我们来听一听（出示图片、讲述故事）

（2）明明想出了3种办法，但是他不知道该选哪一种，你们能帮他想想办法吗？

① 小组讨论。

② 小结：你们很有智慧，选择出自己合适的办法应对这样的事情，很好保护了自己。

（3）讨论：在路上遇到这些事情，我们又该怎么做呢？

屏幕上有三幅图，小组选择一幅图进行讨论，有几种办法应对？说说理由？

① 陌生的叔叔夸玲玲长得漂亮，买糖给她吃。

② 一个阿姨让冬冬帮她找小狗，说找到有奖励。

③ 欢欢没带雨具，陌生的叔叔要送他回家。

（4）出示英国儿童的自我保护的十大宣言。

（5）小结：刚才，我们想出了很多好办法来应对认为会伤害自己的陌生人。那么，是不是所有的陌生人都会伤害我们呢？看图，找一找哪个人可能会伤害我们。

3. 看图辨别

（1）学生小组讨论交流。

（2）六人中你认为谁会伤害你？

（3）出示：一个乞丐照片。

教师：看了照片，你有什么感受？

学生：穿着很破、表情怪、很穷，需要帮助。

播放：一段视频。

教师：你看到了什么？有什么想法？

教师：她是一名乞丐，一名拾荒者。在我们社会中，有那么一群人，以此为生。

教师：陈贤妹，最普通的拾荒妹。2011年10月13日，一名两岁女童被一辆汽车撞倒并碾压，18名路人见死不救，陈贤妹救起女童并找到孩子家长，人们被陈贤妹高尚的品格感动。

教师：好人和坏人单凭语言、外貌是很难判断的。

教师：我们大多数人都认为老师、警察是不会伤害我们的，为什么？的确，我们身边的人绝大多数是善良的。请大家再看一张照片。

（4）出示：毒杀（林某的照片）

师：从他的外貌看，你觉得他是个怎样的人？

师：他是名医生。他就读于复旦大学，已被上海徐汇区中山医院超声科录取。你觉得他会伤害人吗？为什么？

师：他就是为了生活琐事向室友黄洋投毒的复旦研究生林某。

（5）小结：虽然我们身边的人绝大多数是正直的，但是千万不能以貌取人，轻易地相信别人，在人际交往中，要保持一份警惕的心。

4. 讲绘本故事

（1）《欣欣和凯凯》的故事。

（2）在这个故事里，给你留下印象最深刻的是谁？

（3）小结：当我们遇到可能有危险的人和事，一定要冷静思考，不当小红帽。

（教案提供者：上海理工大学附属小学　郑荣琴）

（四）丑小鸭——我们都是这样长大的

【辅导目标】

认知：1. 了解每个人都曾有过让自己羞于启齿的事情。

2. 改变对失败和痛苦的看法。

情感：1. 激发自信心。

2. 对人生持积极、乐观的态度。

行为：1. 学生彼此交流原本羞于谈及的事件。

2. 在了解他人的基础上重新评价自己。

【辅导对象】小学五年级

【辅导准备】多媒体PPT

【辅导时间】2课时

【辅导过程】

第一课时

1. 故事引入

（1）看图"丑小鸭和白天鹅"。

① 知道它是谁吗？

② 丑小鸭和白天鹅是什么关系？

（2）学生活动：请用一个词、一句话来形容一下丑小鸭或白天鹅。

小结：白天鹅代表着美丽、自信，丑小鸭则代表着难看、自卑。

（3）丹麦著名童话家安徒生就写下了经典童话《丑小鸭》。

① 请学生看一段视频或让孩子讲讲《丑小鸭》的故事。

② 看（听）了故事后，你有什么想法？有什么感受？

（4）师续讲故事

若干年以后的一天，两只白天鹅在水中悠闲地散着步，它们边游边闲谈着。当它们谈到小时候的经历时，其中一只有些难为情地说："小时候，我可是一个丑家伙，常遭人欺负，连孵化我的鸭妈妈也嫌弃我。那段经历，我想你是不曾有过的……"还没等它讲完，另一只白天鹅发出了惊讶的声音："啊！我也是这样长大的，别人都叫我丑小鸭啊！"两只天鹅恍然大悟……

① 讨论：两只天鹅恍然大悟到什么？

② 小结：两只白天鹅发现对方都有一段丑小鸭的经历。

2. 袒露自我

（1）你有过"丑小鸭"的经历吗？老师袒露自己丑小鸭的一个经历（小时候漏做作业，被老师批评）。

（2）一起看书上"丑小鸭"经历

（3）谁能说说自己丑小鸭经历？

① 学生交流

引导回忆：当时你是如何对待那件令你灰心、沮丧的事？

询问：现在，你对这件事有何感受？

② 小结：随着时光的推移，那段令你不愉快的经历已成为美好的回忆，现在想起已平静许多，甚至感到心里甜滋滋的。

（4）分享：听了别人的丑小鸭经历，你有什么想法？有什么感受？

小结：我们每个人都有过"丑小鸭"的经历。

3. 布置作业

收集父母或其他长辈的"丑小鸭"经历。

第二课时

1. 作业交流

（1）分享"丑小鸭"经历。

规则：把自己和长辈们的丑小鸭经历分别写在两张纸片上，折好后分

别放在两个盘子里,请一名同学上来抽读。

(2)根据学生情况,来提问:

① 引导回忆:当时你是如何对待那件令你灰心、沮丧的事?

② 询问:现在,你对这件事有何感受?

③ 小结:随着时光的推移,那段令你不愉快的经历已成为美好的回忆,现在想起已平静许多,甚至感到心里甜滋滋的。

④ 听了长辈们的丑小鸭经历,你有什么想法?有什么感受?

⑤ 小结:每个人都是在丑小鸭经历中,慢慢长大。

2. 重估价值,改变看法

(1)看图"美丽的人"。

你认为他们像天鹅一样美吗?

(2)看图"难看的人"。

① 你认为他们像天鹅吗?

② 知道他们是谁吗?(爱因斯坦、霍金、钟楼怪人)

③ 他们以智慧和善良闻名天下,他们有哪些丑小鸭经历?

(3)讨论:如果他们没有丑小鸭的经历会成为天鹅吗?

学生交流(没有标准答案)

(4)看图"蝴蝶"。

① 蝴蝶天生就这样美的吗?

② 小结:美丽的蝴蝶是经过蛹的煎熬,才破茧而出的。

③ 蝴蝶给你什么启示?

④ 学生交流。

⑤ 小结:丑小鸭经历了挫折才会变成美丽的白天鹅,也正因为丑小鸭有那段经历,所以它会珍惜幸福。

3. 优势宝藏

（1）你对自己满意吗？让我们来做一个自我小调查：

你对自己的外貌满意吗？

你对自己的学习满意吗？

你对自己的性格满意吗？

① 做小调查的同时，可以请学生具体说一说满意和不满意的地方。

② 也许你现在还是一只丑小鸭，但总有一天会变成白天鹅。

（2）故事《绿巴洞穴》。

① 这个故事给你什么启示？

② 小结：每个人有40亿个脑细胞，而真正运用到的只是极小的一部分，我们有很大的潜力可以挖掘，就像还有更多的绿巴洞穴等着我们自己去发现呢！

（3）你有什么优点是别人不知道的？

① 请每位同学把别人不知道的优点告诉别人，比如：我每天自己整理书包，我自己管零用钱，我模型飞机装得好，等等。

② 学生互相交流。

（4）你知道这些优点会使你成为怎样的人吗？

我每天自己整理书包——做事有条有理的人。

我自己管零用钱——具备理财能力的人

我模型飞机装得好——动手能力强的人

4. 憧憬未来

（1）这枚彩色的回形针是那么毫不起眼，就像一只丑小鸭，如果用它来代表现在的你，请你用它折个图形，代表你的美好未来。

（2）学生活动。

（3）小结：每个人都有"丑小鸭"的经历，只要我们能勇敢面对挑

战,积极乐观地看待自己的过去,化失败为动力,我们就会像白天鹅那样展翅高飞。期待大家如自己的心愿,成为美丽的天鹅。

【注意事项】

1. 建议班主任收集一些学生心目中的偶像成长的烦恼。

2. 建议班主任在鼓励学生自我袒露时,更多地要求那些优秀的学生自我袒露,以此鼓励那些一般的学生或自卑感较重的学生。

3. 注意引导学生正确对待他人的"丑小鸭"经历,避免学生课堂袒露的"秘密"成为同学间取笑的内容。

(教案提供者:上海理工大学附属小学 徐晶)

(五)我从哪里来

【辅导目标】

1. 了解动植物生命成长的过程,了解人是哺乳动物的一种,知道哺乳类动物,从受精到妊娠、到出生的生命诞生过程。

2. 讲述生命诞生背后的故事,理解生命诞生中蕴含的巨大喜悦和爱意,感受生命是无比尊贵的。

3. 知道生命的诞生是偶然的,每个人都是独一无二的,生命成长是不易的。

【辅导对象】小学一年级

【辅导准备】

1. 教师

(1)制作多媒体课件。

(2)故事。

2. 学生:准备一封爸爸妈妈写给自己的信。

【辅导时间】35分钟

【辅导过程】

1. 种子的成长

> 说明：通过欣赏种子图导入，让学生在不知不觉中进入课堂氛围中。《一粒种子》的故事、"植物妈妈有办法"的活动让学生初步了解各种植物是如何延续后代的。

（1）欣赏种子图。

（2）故事《一粒种子》。

（3）活动"植物妈妈有办法"。

2. 动物的出生

> 说明：通过视频《小动物》，让学生知道动物分为卵生和胎生，它们延续后代的方式是不同的。通过《帝企鹅》的故事，则让学生感受到生命的来之不易，以及那一份浓浓的父爱与母爱。

（1）视频《小动物》。

①【师述】那动物妈妈的宝宝又是怎么来到这个世界上的呢？

②【视频】小动物

（2）故事《帝企鹅》。

①【引子】在动物的世界里，爸爸妈妈又是怎样抚育自己的小宝贝的呢？

②【故事】《帝企鹅》

3. 我从哪里来

> 说明：通过故事《小威向前冲》，生动形象地向学生展示了人的精卵结合。视频《我诞生了》，则向学生真实地再现了人在母亲体内几月怀胎的诞生过程。视觉的冲击让学生感性地知道自己是如何来到这个世界上的；同时也让学生体会生命的美好。

（1）故事《小威向前冲》。

① 【过渡】小企鹅的爸爸妈妈是多么爱它呀！那你知道自己是从哪里来的？

② 了解人体中的精子和卵子。

③ 故事《小威向前冲》。

（2）视频《我诞生了》。

（3）你现在知道自己是怎样来到这个世界上的？

4. 亲情直通车

> 说明：让学生读父母写来的一封信，感受亲情的深沉。同时为家人送上一句祝愿的话，学习感恩父母。

（1）你的第一声啼哭给爸爸、妈妈带来了无比的喜悦，他们企盼这一天已经很久了。让我们打开爸爸、妈妈写给我们的信，认认真真地读一读。

① 自己读。

② 谁愿意把信的内容与全班小朋友分享？

（2）读了爸爸、妈妈的信，此时此刻你的心情怎么样？

（3）现在，你最想对爸爸、妈妈说些什么？

（4）总结：小朋友说得真好！今天回去，就让我们把刚才对爸爸、妈妈说的话，再对他们说一遍，听听他们还会对你说些什么？

（教案提供者：上海理工大学附属小学　戴璐）

（六）身体红绿灯

【辅导目标】

1. 了解身体保护的基本准则，知道身体的隐私部位是不能让人随意触碰的。

2. 分辨身体接触的不同感受，懂得保护自己。

3. 学会依据自己的感受，判断不同的情况，增强自我保护意识。

4. 懂得尊重他人也是尊重自己，人与人相处，应该互相尊重。

【辅导重点】

知道身体的隐私部位是不能让人随意触碰的。

【辅导难点】

学会依据自己的感受判断不同的情况，懂得保护自己，学会说"不"。

【辅导对象】小学三年级

【辅导准备】多媒体PPT

【辅导时间】35分钟

【辅导过程】

1. **游戏：找朋友**

（1）师：我们做个找朋友的游戏，好吗？

（2）游戏规则：请大家找到好朋友，听老师的口令和好朋友一起做动作。

（3）握握手，勾勾肩，抱一抱！
　　顶顶头，碰碰鼻，拉拉手！
　　摸摸头，贴贴脸，抱一抱！

（4）询问

① 做了这个游戏，你有什么感受？

② 在生活中，你会和谁拉拉手，抱一抱呢？

小结：和好友、亲人做亲密的动作会让我们感到愉悦。

2. 活动：身体红绿灯

（1）但有时身体的接触会让我们感到不快，现在就让我们做个身体红绿灯的游戏。（读规则）

（2）学生活动。（请小朋友拿出男孩女孩图，请大家贴一帖。）

（3）交流（巡视，请一小组上去贴）请你来说说，谁还有补充。

① 隐私部位亮红灯：

师：这是我们的隐私部位，是不能让人随意触摸的。如果医生检查，最好要有大人陪同。

② 给头发、手、手臂、肩膀亮红灯的：为什么亮红灯？老师和你握握手，可以吗？

师：看来握握手我们可以看情况而定的，是吗？

③ 脸亮绿灯：为什么？陌生人亲你行吗？你有什么感受？

师：看来也要看情况而定了。

小结：小朋友们，平时被泳衣遮住的地方就是我们的隐私部位，是不可以让人随意触摸的。

3. 活动：亮红黄绿灯

出示媒体看图，如果你遇到了这件事，会有什么感受？你会给这件事亮什么灯？

老师这里还有几件事，请根据你的感受来判断一下。如果这件事让你觉得不可以，你就亮红灯；可以接受亮绿灯；看情况而定，亮黄灯。（分辨身体接触的不同感受，增强自我保护意识。）

A. 晚安：妈妈亲我们，让我们感到愉悦。 陌生人绝对不可以。

B. 小结：有时候，在游戏过程中难免会不小心触碰，我们看情况而定。

C. 你很可爱：被老师赞扬摸摸头是不是很高兴？老师摸摸你的头，你有什么感受？

即使是老师，如果让你感到不舒服，也可以不接受。

D. 大家都亮上红灯，认为这种行为人让你不能接受。

E.

① 红灯：如果我是这个阿姨……（不认识）你听了有什么感受？你不感到高兴吗？你是不是有点担心？很棒！你很有自我保护的意识。当你感到有点不对劲的时候应该马上离开。

② 绿灯：你刚才亮的是绿灯，现在你有什么感受？你是不是也感到这里有一点问题了。

③ 是我妈妈的同事。如果得到妈妈的允许，那你就可以安心地坐上去。

小结：在爸爸妈妈不知道的情况下，不可以轻易地坐近陌生人或熟人的车子。

4. 活动：你会亮几盏红灯

（1）我们再来做"你会亮几盏红灯"的活动。

如果图上的亲密动作让你感到有点不舒服，你可以亮一盏红灯；如果让你很不舒服，可以亮五盏红灯；如果感觉很舒服的话，不需要亮灯哦！

请组长把图片发给大家，开始吧！

（学生活动）

（2）出示媒体：我们可以用微笑表示你没有亮灯；拍一下桌子表示亮了一盏灯；以此类推，拍五下桌子表示亮了五盏灯。

（3）学生反馈

① 捏屁股：（随意）

a. 当亮起五盏灯时，你会想到什么？（担心、害怕、焦虑、恐惧、紧

张）

b.为什么？如果有人这样捏你屁股，你会感受到什么？

c.侯老师感受到了你强烈的不满，所以你亮了五盏灯，对吗？

这事很紧张，这事很紧急。

这事让你很害怕，很不安，所以……

② 这个，你亮几盏灯？

A.0盏：亲人抱抱我们，我们感到很愉快。

B.4~5盏：你为什么亮四盏？

小结：对呀！就算熟悉的老伯伯，也要得到你的同意，更何况是陌生人呢！

C.（看表情不开心，他愿意吗？）在你不愿意的情况下，（即使是你的亲人）也不能触碰你的隐私部位。

③ 叔叔，不要碰我！

你该怎么办？（逃离……）

小结：最好的办法就是逃离，而且要用坚决的态度对他说：不，不要碰我！（出示媒体）

5. **活动：大声说不**

师：下面我们来演示一下。

（1）师：小朋友，叔叔很喜欢你，想亲亲你！你怎么说？（指名说）

（2）这样说行吗？

（3）那该怎么说？脸上是什么表情？（严肃）手上做什么动作？（表情严肃、态度坚决）

（4）同桌练一练。

（5）个别说、小组说。

（6）全班说让我们对着这个叔叔大声地说："不！"

小结：非常好！下节课，我们还会训练大家如何保护自己，勇敢大声地说："不！"

（教案提供者：上海理工大学附属小学　侯萍）

（七）身体小秘密

【辅导目标】

1. 初步认识身体各部分及作用，包括性器官和排泄器官等隐私部位，了解要保护和隐藏起来的必要性。

2. 了解性器官和排泄器官清洁的重要性和具体方法，促成良好的卫生习惯。

3. 认识到自然赋予我们的身体是奇妙的、美好的、美丽的，学会欣赏人体艺术作品。

【辅导对象】小学一年级

【辅导准备】多媒体PPT

【辅导时间】35分钟

【辅导过程】

1. 活动：照镜子

（1）课前老师请大家准备一面小镜子，带来了吗？拿出来照一照，你都看到了什么呀？

【小结】通过镜子，我们可以看到自己（头、头颈、手臂、腿、脚）

（2）这些身体部位可以做什么？

（学生交流）

2. 了解隐私部位

（1）这儿有个婴儿，你知道是男的还是女的？

① 是呀！对刚出生的婴儿，我们很难从外貌上一下子区分出是男还是女？那为什么当你出生时，爸爸妈妈能准确地知道你是男孩，你又是女孩呢？他们从哪里看出来的呢？

② 学生交流。

③【小结】是呀！刚才同学们说到的"小鸡鸡"、小便的地方其实是我们人的生殖器官，爸爸妈妈正是通过它们来区分男和女的。这些生殖器官就像我们的手呀、脚呀，是我们身体的一部分。

(2) 活动——贴贴生殖器官

① 下面就让我们走进它们，一起去了解一下吧！待会儿让我们以小组为单位，女生合作完成女孩图，男孩合作完成男孩图，挑选锦囊内你所需要的生殖器官，贴在相应的地方。

② 学生交流

【女生】

能介绍一下你们贴的这是什么部位吗？

让我一起来听听医学博士的介绍。（媒体：女孩的生殖器官）

这里其实是我们女孩的生殖器官，它由三部分组成，最上面是阴蒂。中间是尿道口，就是小便的地方。下面是阴道口。在生殖器官的后面是我们用来排粪便的肛门。其实，女孩的隐私部位就像我们的手呀、脚呀，都是我们身体的一部分，需要时常去清洗它。因为肛门的位置在我们生殖器官的后面，所以女孩在大小便后的擦拭或清洗时应该从前往后。擦拭时要选用干净的卫生纸，除此之外，还要每天勤换内裤。

大家都听仔细了吗？让我来考考大家。（完成小练习）

【男生】

能介绍一下你们贴的又是什么部位吗？

让我一起来听听医学博士的介绍。（媒体：男孩的生殖器官）

它主要有阴茎、阴囊两部分组成。平时我们把阴茎称为"小鸡鸡",其实它有一个科学的名称叫阴茎。

(媒体:洗"阴茎")

你们瞧!把包皮翻过来,在显微镜下面,里面有10万多个细菌和病毒,多脏啊!男孩们,能说说你们平时是怎么清洗它的呀?

【小结】看来我们男孩在洗"阴茎"的时候应该把包皮翻过来。

前不久我在走廊里看到了这样一幕(媒体:踢下身的男孩)

一天下课,我发现有两个男孩发生了矛盾,其中一个男孩踢到了另一个男孩的隐私部位,被踢的男孩疼得蹲下身,眼泪直流,嘴里还不停地喊着痛。这样做会有什么伤害吗?

【小结】这样做会使我们的生殖器官受到伤害,严重的话甚至还会影响到我们的健康成长。看来,不管是男孩还是女孩都要保护好自己的生殖器官。

(3)活动——选泳衣

① 再过不久炎热的夏天就要来了,这有两套泳装,你会选择哪套呢?(媒体:无头的身穿泳装的两个孩子)

学生交流:

② 泳装遮住的是我们的什么部位?(媒体:有头的身穿泳装的两个孩子)

学生交流:

③【小结】泳装除了遮住了我们的生殖器官,还遮住了女孩的乳房,这些部位都是我们不能随便让别人看到或触碰的,我们称它们为隐私部位。

(4)你们瞧!随着年龄的增加,小女孩的乳房会逐渐大起来。(媒体:胸部)

① 你们知道这慢慢长大的乳房有什么作用吗？

学生交流。

② 看着这幅图，你有什么感受吗？（媒体：婴儿吃"奶奶"）

【小结】小宝宝吮吸着妈妈的乳汁得到的不仅是营养，还得到了心灵上的满足和安全感。

3. 悦纳自己的身体

（1）说到这让我们再来看几幅图。（媒体：初生婴儿）

① 你们看到这些肉鼓鼓的男宝宝和女宝宝有什么感受吗？

（学生交流）

② 你们会像他们一样光着身子出现在别人面前吗？为什么？

【小结】是呀！我们已经慢慢长大，平时应该穿戴整齐，保护好自己的隐私部位，不能随便让别人看见或触碰。但是，裸露的人体经过艺术家的创造，会给人带来美好的感受。你们瞧！

（2）【媒体】人体艺术

这是大卫的雕像，他是男性健美和力量的象征！

这幅油画显示出了女性柔美。

这幅摄影作品显示出女性的曲线美。

绿地前的雕塑奔跑着迎向太阳，冲满了旺盛的生命力。

胖嘟嘟的男孩是那么可爱！

这个少女多美呀！连天使也围着她翩翩起舞！

孩子紧紧地依偎在母亲的怀中。

这是西方神话中传说的亚当和夏娃，他们是人类的祖先，他们就是这样赤裸地来到这个世界。

（3）你最喜欢哪一幅作品？为什么？

①【小结】刚才我们都感受到了人体艺术给我们带来的那份自然

的美。

② 等你长大了,你希望自己身体像哪一幅图上的人?

③【总结】我们的身体正在慢慢成长,我们应该更好地爱护它。使男孩的身体变得更结实,女孩的身体变得更柔美。

(4)数字故事——最可爱的你

① 说到这让我不禁想到了一个小女孩,她经常会为自己脸上长着的雀斑伤心,直到有一天她拣到一面魔镜……

② 你喜欢自己吗?说说理由。

③ 打开书,在魔镜中画一画最可爱的自己,小朋友交流。

④【小结】其实在老师眼里,你们就是人群中最美丽的一个。

(教案提供者:上海理工大学附属小学　戴璐)

第四篇 我的幸福我追求
——小学班主任的心育素养

班级心理辅导呼唤班主任要具有心育素养。班主任心育素养包括自身健康的人格、先进的班级管理理念、一定的心理学知识、技能。长期的班主任工作让我深深感受到：良好的心育素养不仅能提升班主任的幸福指数，更为重要的是它还能促进班级心理辅导有效开展。

作为班主任，我的幸福和追求，就是学生的快乐健康成长。可有时，我也会不安、急躁，甚至情绪失控。怎样进行自我调适，以保持亲和的态度、理性的思考、人格的魅力，去理解学生、帮助学生，引领他们的成长，是我每天要做的功课。为之，我将不断努力。

一、我的问题我找寻

你知道什么是"心育"素养吗？之前，我对它也是一知半解，通过查阅资料，才知道"心育"原来是心理素质培育与心理健康教育的简称。"心育素养"指的是通过心理素质训练、心理健康教育、心理辅导活动，对受助者心理的各层面施加积极影响，优化心理素质、维护心理健康，从而获得的一种道德修养。

欧林革所写的《中小学班主任应具备的"心育"素养》一文中提到，中小学班主任应具备的"心育"素养包括保持较高的心理健康水平；具备良好的心理健康教育实施能力；善于营造良好的心理健康环境。

目前，我国中小学都设有班主任职务，学校的一切教学和德育工作都要在班级中开展，班主任是班集体的核心、学生成长最重要的领路人、班集体的组织者和管理者。可见，班主任的心育素养直接影响学生的心理健康，班主任心理健康的标准都有哪些呢？让我们来了解一下。

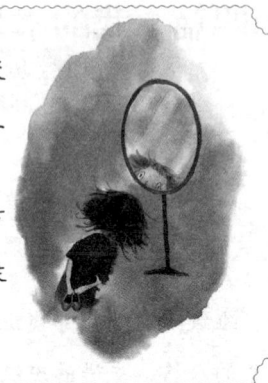

心理健康

心理健康不仅指没有心理疾病或变态，个体社会生活适应良好，还指人格的完善和心理潜能的充分发挥，亦即在一定的客观条件下将个人心境发挥成最佳状态。心理健康是一个协调内外统一并使之适应和发展的过程。

教师心理健康

教师心理健康是自重、自尊、自立，能够从心理上正确认识自己，积极认同、接纳自己的教师身份；爱教、敬业、勤奋，能较好地适应教育工作的职业环境；热情、爱心、随和，具有和谐的人际关系，特别是师生关系；积极、乐观、自制，有较强的自我调节能力，能较好地协调与控制情绪；理智、连贯、公正，行为合理。

班主任心理健康

作为班主任，其心理健康标准除了与其他教师遵循同一个标准外，还应该适当考虑班主任工作的特殊性，具体心理健康标准有以下几个方面：

正确的角色认知 恰当地认识自己，不但悦纳自己的优点，而且接受自己的缺点，能愉快地接受班主任的角色。只有成为学生行为的示范者、心理的辅导者、活动的组织者，才能真正地做好教育工作。

乐观的情绪状态 工作中，能保持情绪稳定、心情愉快、反应适度、积极进取。另一方面，班主任遇到困难时应能控制自己的情绪反应，保持镇静，能忍耐挫折和困难的考验。

独创的教育活动 心理健康的班主任能在对学生进行教育的过程中，根据学生的实际和需求，独立进行一定的有利于学生健康成长和发展的创造性活动，不人云亦云。

良好的人际关系 一名心理发展健康的班主任，必须能融洽地协调好与学生、任课教师、学校领导、家长等的相互关系。良好的人际关系是班主任顺利工作的前提条件，是班主任心理健康的重要外部条件。

积极的适应环境 班主任的工作环境是不断改动和变化的，心理健康的班主任，应该能不断适应这种发展与改变，能接受不断出现的新事物。

"现在做小学班主任，工作太琐碎，白天没干完的活儿晚上接着干，自己的孩子也没时间照顾。"

"我感觉当一个小学班主任的工作量比教两个班的语文还累，班级里不管小事大事你都得管，我这人还很要强，什么事儿都想干得最好，年纪也上去了，身体也不如以前了，带完这届学生我希望下学期不再当班主任了！"

"我是语文教师又当班主任，平时很想把班主任工作做好，但有时心有余力不足。本身教学任务重，班主任工作事儿繁琐，已经压得人喘不过气了，还要经常接到突击任务、参加各种培训、接受各类检查……唉，我真的已经当怕了！"

"我们小学班主任就像保姆似的，样样事情都要你来张罗，心理压力实在太大了，每天像打了鸡血一样，再不停下来我就要崩溃了"。

……

这是一些班主任们的心声，作为同行，大家也许都曾有过这样一些感受，虽然其中的部分感言似乎有些耸人听闻，却也是不争的事实。教师职业特别是小学班主任的工作是应激强度较高的职业，在应激状态下，由于某些器官或系统过度活动，教师的情绪常会有极大的波动。让我们一起先来看看小学班主任心理问题及产生原因吧！

超负荷的工作量，让班主任疲于应付

在小学里，班主任大部分都由语文老师来承担，接下来就让我们先来看看一名小学班主任每天都要做些什么事？

小学班主任的一天

时间	内容
早晨	7：50分在教室门口晨检，随后批改备忘录，有时还要收各种各样的费用（伙食费、春秋游费、保险费、校服费、报刊费、补牙费……），孩子忘带钱还要第一时间联系家长
上午	备课，上课，改作业，处理突发事件，课间护导，到操场带操，进行阳光锻炼
中午	先管饭，随后打扫教室，接着补缺补差，最后上午会课（古韵声声，行规教育，队会课，健康教育）
下午	备课，上课，改作业，处理突发事件，课间护导，放班（遇上不能准时接送孩子的家长还要电话沟通；遇上学业上，行为习惯上有偏差的学生还要找家长当面沟通）
晚上	下班回到家，除了干家务，晚上还要备课，批改作业，接听家长电话。此外，如果遇到学校、年级组、备课组的活动，加上个人的教学改革研究，上公开课……上班时间全部填满不算，还要挑灯夜战

从这名"班主任的一天"我们感受到,普通教师的工作本身就是一种非常繁重紧张的职业,班主任教师的工作负担就更重,他们不但要备课、完成教学任务,还要对学生的思想品德的塑造、学生人身安全等方面都承担着重大的责任。长时间的神经紧张工作,高强度的工作量,加之学校领导层制定和组织的各种会议,参加各种教学比赛,平时工作的计划、总结,等等,都在不经意间增加了班主任的工作负担,班主任在工作量和心理承受能力过载的情况下很容易产生不良情绪,出现心理问题。

社会生存的压力,让班主任内驱动力低

教师工资本来偏低,担任班主任,可适当增加补贴。但有的是学校强行分配担任班主任。如今,职称评定要求严格,有甚者评高级教师要求必须有五年以上班主任工作经验,为此担任班主任。这样,可能导致班主任对工作的应付、马虎、不热爱,以致牢骚满腹。另外,随着我国改革的深入,教师也面临下岗的压力,不断提高自己成了当务之急,老师们不得不占用休息时间参加各种培训、自修,这给本来就已经超负荷工作的班主任又增加了一个负担。

新时期下的学生,使班主任产生畏难情绪

随着时代的发展,学生面对的诱惑越来越多,各种问题也日益凸显,如自我中心、缺少感恩、不懂相处、不会合作、喜欢攀比、沉迷于网络游戏……此外,学生年龄尚小,三观还未形成,易受社会不良风气的冲击。因此,增加了班主任教育的难度,必须花费更多的时候与精力来处理学生的问题。

同时,现在的学生大多个性张扬,以自我为中心,但内心很封闭,说服教育一般很难触动他们,只有真正走进他们的心灵,真诚沟通才能起作用,这又给班主任工作增加了难度。

评价体系不完善，使班主任工作积极性不高

现在，不少学校搞创新，但是对班主任老师的评价还遵循应试教育的老一套：学生违纪扣分，班主任也被扣分，对教学的评价完全按照学生的分数，学生分数高，班主任老师的评价得分就高。以班级管理的好坏，来评价班主任工作的能力的高低。没有客观公正的一个良好评价体系。所制订的评价标准繁而细，不符合学生发展需求，不适合班主任教师工作开展，老师们在这个过程中其实是痛苦的，心理压力可想而知。笔者曾经对某小学的班主任心理健康状况做了一次调查，结果如下：

令人遗憾的是，小学班主任皆存在不同程度的心理危机，如工作热情不高，对待教学任务敷衍了事，在班级管理工作中忙于应付；情绪不够稳定，处理问题比较简单、粗暴，对待学生不用心，不尽责，比较冷漠。

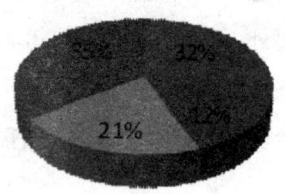

小学班主任心理健康状况
- 轻度心理障碍 32%
- 中度心理障碍 12%
- 心理疾病 21%
- 心理健康

在小学里，班主任和学生的接触时间最多，我们的言行举止对学生的人生观、价值观的塑造有着重要影响，学生也会把我们作为自己的偶像一样崇拜，甚至作为自己努力的目标。如果我们将自己的不好情绪带到工作中，甚至发泄到学生身上，将会导致教育行为不当，师生关系破裂……可见，小学班主任心理健康有着十分重要的意义。

保证学生健康 促其快乐成长

小学班主任与学生朝夕相处，他们心理健康水平会潜移默化地影响学生的心理健康。同时，小学又是人格形成的重要时期，如果班主任的心理不健康对学生的情绪情感、人际关系、学习成绩、自信心……方面都有影响。

如果班主任是个斤斤计较的人，他的学生也会心眼很小；如果班主任很尊重学生，他的学生肯定也懂得尊重老师、尊重他人；如果班主任很热爱生活，富有生活情趣，那么这个班级的文化建设也会十分温馨；如果班主任看见一朵花儿盛开了，会情不自禁地笑出声来，他的学生就会很热爱大自然；如果班主任能冷静，沉着地处理班级突发事件，他的学生也一定会慢慢学会睿智的处理个人事情；如果班主任在面对很多评比、竞赛时，敢于面对竞争，勇于面对成败，善于尊重对手，他的学生肯定也会坚强、勇敢、大气的。

班主任良好的心理素质是教育成功的重要因素。班主任既是知识的传播者又是学生心灵的塑造者，班主任的心理素质对学生心理品质的形成具有重要影响，他们的心理健康水平直接关系到素质教育的成败。因此班主任必须具备较强的职业意识，坚强的意志和稳定的情绪以及创造性的独立思维品质等良好心理素质。

释放工作压力 追求职业幸福

虽然班主任是这世界上最小的"主任"，但是他们的作用不可小觑：一方面，班主任是任课教师，不但自己要有渊博的知识，很强的课堂驾驭能力、语言表达能力，而且面对每个学生还要因材施教、授业解惑；另一方面，班主任每天承担着班级管理工作，关心学生的思想品德、人生安全、心理健康，处理学生的各种问题，协调家校关系、师生关系、师师关系……同时，随着社会的发展，学生、家长、社会对班主任的要求越来越高，在工作中有时会听到很多的怨言，遇到不理解的家长，还会受到社会等多方面的质疑。

这些压力对小学班主任的心理健康带来一些负面影响，经常处在压力之下的人更可能患忧郁症等心理问题。同时，小学班主任又是学生思想、学习、健康和生活各项工作的领导者、管理者；学生美好未来的设计者和健康成长的引导者；班级各项活动的组织者和良好班集体的创建者；学生美好心灵的塑造者……所以班主任首先要有具有良好的心理素养，他们的负面情绪必须得到及时、有效的缓缓，否则，累积到一定程度，就可能出现激烈的爆发，受害的或许是学生，或许是班主任自己。

"感动中国2012年度人物评选"结果揭晓，生死关头勇救学生的"最美女教师"张丽莉当选年度人物。

张丽莉出生在一个教育世家，2006年，她从哈尔滨师范大学毕业后，到黑龙江省佳木斯市第十九中学任教，并担任初三（3）班班主任。

2012年5月8日，放学时分，张丽莉在路旁疏导学生。一辆停在路旁的客车，因驾驶员误碰操纵杆失控，撞向学生，危急时刻，张丽莉向前一扑，将车前的学生用力推到一边，自己却被撞倒了。

车轮从张丽莉的大腿辗压过去，肉都翻卷起来，路面满是鲜血，惨不忍睹。被轧伤后她有时清醒有时昏迷，在送医院的途中，还对大家说：要先救学生。昏迷多天后，张丽莉醒来的第一句话是："那几个孩子没事吧！"

经过抢救，张丽莉被迫高位截肢。她的亲人和医护人员都不敢想象她知道真相的后果会是怎样，但张丽莉很快接受了事实，还反过来安慰父亲说："当时车祸的场景我还记得，很幸运，如果车轮从我的头碾过去，你

们就看不到我了,我救了学生,也保住了命,今后一定会幸福的。"

有人问张丽莉:"你后悔吗?"她回答:"不后悔。这样做是我的本能。我已经28岁了,我已和父母度过28年的快乐时光。那些孩子还小,他们的快乐人生刚刚开始。"

……

我们从张丽莉老师的事迹中得到了启示:张老师用自己生命的积淀演绎出瞬间的美丽源于她对职业的使命感、责任感和幸福感。可见,提升班主任的幸福指数,除了要有健康的体魄,还要有一颗强大的内心,班主任自身的心理健康是有效开展班级心理辅导的基础,是教师完成工作职责的前提条件。

二、我的心境我调养

在小学教育教学工作中,班主任就像个针眼一样,上面有许多条线,最终都要穿进这个针眼,因此,他们就会有很大的压力;也因为班主任具有多种角色,所以承担了很多工作量,而在这些工作中存在着许多不必要的重复,加重了他们的负担,不同程度地影响着班主任的心理健康。

林肯曾经说过:你决心有多幸福,你就会有多幸福。忙忙碌碌中班主任应该用强大的心理去应对困难,学会阳光地思考问题,用健康的心态去享受工作。另外,适当的压力还能激发班主任的工作斗志,针对班级教育管理中存在的问题,用灵动的心灵去创新开拓。设计出富有创造性的管理方式,创造出顺应社会要求的新颖、有效的管理方法,不仅改善班级管理,提高班主任的管理效益,还可以培养学生健康的心理素质。维护教师的心理健康最重要的还是教师自身的努力,我们更希望教师具有心理调节的能力,掌握科学的减压方法,懂得呵护和悦纳自己的心,控制和调整自己的情绪,正确应对各种压力与挫折。

点点滴滴的小事件充满着我的生活、学习和工作。尽管现在的我还不能完全摆脱以前的"习惯性思维"的影响,但我已经有意识的开始甄别、调整、改变。因为我知道影响自己情绪的不是每一件事情本身,而是自己对当下这件事情的认识和理解,采用了认知改变法,随之而来的自己的情绪和状态也比以前平稳很多,愉悦很多。

我曾经读到过这样一则故事——古代意大利的一名造船匠,他造了一辈子的船,却从来没坐过自己造的船,他的最大享受,就是当自己造的船驶向大海的时候,伏在码头的栏杆上遥望,直到那船消失在茫茫大海上,还久久不肯离去……

幸福的教师不正是这样的造船匠吗?尽管你守望的是造船的船坞,可你送走的是"希望之舟";虽然不能同自己造的船一起远航,但是你的心血和生命的智慧已经化作一张张风帆,激荡着船儿在人生的海洋中驶向蔚蓝的彼岸;你的身体可以退出教育过程,你的精神却永远融入了学生的血脉之中,滋润着学生未来的生活。学生快乐成长的过程正是教师生命增值的过程,是教师灵魂的延续,是教师价值的实现,是对教师生命的肯定,还有什么比自我价值的增值更让人幸福的呢?

教育是个渐进的过程

班主任工作压力过大,最主要的根源是过于看重教育结果而忽略了享受教育的过程,当教育没有达到自己预期的结果时,就会出现挫败感。学生的成就是一个渐变的过程,任何急功近利的想法和做法,都是不切实际的。作为班主任,要善于从成长变化的角度看待学生、教育学生,把自己

的教育隐藏于无形的生活细节中，潜移默化，而不是出了问题，立刻就要扭转，就要见到效果。

班主任是陪伴学生成长的人

班主任如果只把自己看作班级的管理者，一旦班级发展出现问题或没有达到自己制定的短期目标，就容易产生急躁情绪，埋怨学生不配合、不争气，对违纪学生大加斥责，看见学习成绩不好的学生就心烦气燥。而如果班主任把自己看作帮助学生成长的人，就会把注意力转移到长期目标的实现上，始终以良好而稳定的情绪，陪伴学生经历其成长过程；就会把学生出现的问题看作他们成长过程中不可少的经历，心态平和地与学生一起面对。

不要求学生十全十美

作为班主任，如果一厢情愿地要求学生尽善尽美，就会出现班级目标过高和对学生求全责备等问题；就会总盯着学生的缺点，看学生不顺眼；就会动不动拿自己、自己的班级、自己的学生与别的老师、别的班级、别的学生比较，越比越沮丧，越比越"恨铁不成钢"。其实，真正的好强，不应该表现为一味要求学生各方面做得完美，而应该表现在班主任不断战胜自己、更好地引导学生健康成长上。

客观看待班级荣誉

有时，在某些事情上，无论我们怎么努力，不如意的情况还是会发生，学就班主任客观地对待这些问题。比如，有的学校对班级的每一项工作都进行最化，定期公布评比结果。当自己班级的量化结果不好甚至受到批评时，班主任的压力可想而知。另外，班级成绩排名，活动的名次、成绩等，也会给班主任带来很大压力。这就要求我们班主任认识到：要根据班级实际情况实事求是地对待班级荣誉。只要我们努力投入，不断反思，不断改进，最终就会取得好的效果。另处，问题的发生虽然会带来很大麻烦，但也给我们带来了学生的机会，每一次问题的出现与解决都是获得经验、提升水平的机会。

教育的力量不是无限的

有一名老师曾为班内一个问题学生参与打群架致人受伤被开除学籍而陷入深深的自责之中，视其为自己教育的失败，并因此感到莫大耻辱。长期的心理压抑严重损害了他的身心健康，他的问题就在于不能承认失败而导致压力过重。教育的力量不是无限的，有时甚至是软弱的，而"爱"的力量也并非总如我们所希望的那样强大。当我们对于特定的学生个体已经尽最大努力进行教育仍无法奏效时，与其陷入无意义的自责之中，不如坦诚面对，汲取教训，着眼未来，努力寻找更合适的方式方法。

> 人吃五谷杂粮，难免会有闹情绪的时候。每每这时，我就会告诫自己，相信自己的能力，去做情绪的主人，不应让不良情绪困扰自己而欲罢不能。因为我知道，科学的情绪调控法将会给自己追求身心健康的道路铺上成功的基石。

放慢节奏减压力

最大的压力莫过于自己给自己压力。当前，随着生活节奏的加快，人们感到压力越来越大，工作有压力已是一种常态。所以，教育没必要怨天尤人，应以平常心面对现实，学会放松心情，放缓脚步；学会休闲浪漫，舒缓绷紧的神经；学会调整情绪，让自己冷静下来。班主任对工作有足够的心理预期，才不至于对千头万绪的工作产生抵触情绪。

心理暗示控情绪

无论遇到何种难题，情绪如何激动，明智的班主任都应该在心里暗暗给自己打气，提醒自己情绪过激会影响工作、影响形象，尤其在学生面前更要注意影响。我们可以这样暗示自己：

"善于控制自己的情绪是成熟的标志，我是一个成熟的人。"

"控制情绪是每一个年轻班主任的必修课。"

"好情绪，好未来，好生活。"

"做情绪的主人，不做情绪的奴隶。"

"保持沉默，保持沉默，沉默是金，祸从口出。"

……

及时储存"中和剂"

学生不听话、冒犯、顶撞你时，你会火冒三丈；学生问候、帮助、赞颂你时，你会蜜润心间。如果让后者成为前者的"中和剂"，你心中的怒火就会"奄奄一息"，从而容忍孩子的淘气，把训斥变为关怀。

在我的抽屉里有一本"师生日记"，它是用来记下自己和学生们的故事，生气的事可以删掉，感动的事却一次也不漏掉。一次，我劝导学生时挨了一声骂，气恼之火刚要燃起，忽然回想起他给我写过的那句赞美语，于是就对自己说："这是无意中的冲动，他肯定自己也后悔。"看到我宽容的眼神，学生脸红了。

井然有序护心境

如果班级事务"一锅粥"，哪里烂了补哪里，班主任会很被动，一旦再有突发事件，就会觉得压力陡增、心烦意乱。相反，如果工作井然有序，我们就能从日常琐事中抽身，盘点一天的工作，从而避免焦虑。可以准备一本台历，每天提前十五分钟到校，写下任务清单，把当天要做的事,按时间及重要程度顺序排列,下班前进行小结,检查完成情况。这样,班级工作就会有条不紊地进行,班主任的情绪也会比较稳定。

行为改进法就是打破自己原有行为的刻板定势,其重点在于改变行为方式,如同重点在于改变思维方式的认知改变法一样,可以帮助我们更好地应付不良情绪。

用自我规划维护心理健康

有两种状态影响教师的心理健康:一种是没有目标,对事业失去热情,对工作疲于应付,处于职业倦怠的状态;另一种是目标过高,在学生的工作负荷或紧张的人际关系下,处于焦虑状态。在这两种情形下,自我规划对缓解心理问题尤为有效。它能够使我们正确认识自己,对自己的能力水平、性格特点进行恰当、客观的评价,积极认同和接纳自己的教师身份,减少对自身未来发展的迷茫,避免职业倦怠的发生。因此,教师自我规划,不仅可以避免其在工作中自责、自卑,真正做到自量、自尊和自立,而且可以更好地挖掘自身的潜能,促进自我价值的实现。

冷静地写出自己的内心

心理学研究告诉我们,当一个人冷静地写出自己的内心时,他的整个心灵就会变得澄明和平静。而对压力和压力的"副产品","写"可能是减压的一个途径。写压力:此次压力来源于何处,它对我的工作产生了哪些不利因素,等等。写愁绪:在压力面前,我产生了怎样的情绪,此种情绪会滋生新的情绪及至笼罩我的生活吗,我能控制自己的负面情绪吗,等等。写理想:教育之路上总会有各种荆棘,记下自己的理想,当遇到忧愁、烦闷时,回望理想、坚定信念,就会增强勇气和力量……写着写着,

我们的情绪就会得到舒缓，头脑也会变得越来越理智和开阔。

用研究的眼光看待日常工作

没有思路就没有出路。只要高速一下工作思路，结果就会大不一样：用研究的眼光来看待自己的日常工作，把日常工作当成研究课题来做，研究始于问题，问题来了，就研究研究，一招儿不灵，就再换一招。如此这般，我们就会把工作中出现各种问题视作再正常不过的事情了，甚至会没事找事、主动寻求问题。于是，在某个时刻，我们突然觉得自己的心情好起来了，工作能力不经意间也大大提升了。

不必事事"躬亲"

班主任产生不良情绪，在很大程度上是由于班级事务繁多、班主任疲于应付造成的。班主任还要做只埋头拉车、不抬头看路的老黄牛。当一项任务或一个通知来了，可在心中掂量一下它的分量，确定此事是否必须本人全力以赴、亲力亲为，是否可以放手学生去做。在健全班级制度的前提下让学生参与班级管理，班主任不要事必躬亲，只需做出相应的指导，既可以适当减轻自身的压力，也能让学生获得锻炼的机会，更能使班级管理程序化、规范化。

> 人是社会生物，他不能离开他人而独立生存，个人只有在与他人的交往中才能获得生存和发展。二十多年的职业生涯，让我越来越感到人际和谐法对工作、生活的重要性：拥有和谐人际关系的人很幸福，相反，人际关系不和谐的人会很痛苦。

坦诚地说出自己的苦恼

在适当的时候，把自己的苦恼、忧虑、难处、想法等开诚布公地与领

125

导、同事或学生进行沟通,既可获得理解与支持,也可排解不良情绪。比如,可以营造一个师生双方沟通的平台,师生坐在一起,坦诚地交流思想,将自己的观点大胆"亮"出来,相信在爱与体谅的前提下,师生一定能找到共同点,借助共同点,双方通过真心交流,最终会彼此谅解,拉近距离。

积极地解释遭遇的事情

美国著名心理学家艾利斯认为,不是事件本身让我们产生情绪,而是我们对事件的解释引起了我们的情绪。由此她进一步认为,如果想要获得好心情,就必须对自己遭遇到的事情进行积极乐观的解释,从而感受良好的情绪。同样一件事,因为解释不同会使当事者收获截然相反的两种情绪。因此,我们要消除自己脑子里一些不合理的、绝对化的想法,如:"我对你好,你就一定要对我好""我以前帮助过她,现在我有困难了,她就应该无条件地帮助我""只要我付出心血,就一定能把班级管好"等等。

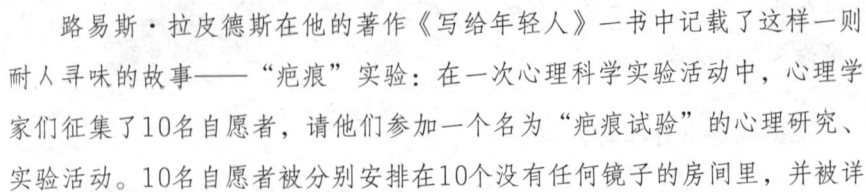

"即使是折断了翅膀,我也要飞翔",它很好地诠释了积极应对法。生活中、工作中我们难免会遇上这样那样的坎儿,只有积极面对它们才是化解挫折和痛苦的良药。积极的人生,即便是无望的播种,也要努力去耕耘,面对着挫折要不屈不挠。

路易斯·拉皮德斯在他的著作《写给年轻人》一书中记载了这样一则耐人寻味的故事——"疤痕"实验:在一次心理科学实验活动中,心理学家们征集了10名自愿者,请他们参加一个名为"疤痕试验"的心理研究、实验活动。10名自愿者被分别安排在10个没有任何镜子的房间里,并被详

细告知了此次研究和实验的方法和目的：他们将通过以假乱真的化妆，变成一个面部有疤痕的丑陋的人，然后在指定的地方观察和感受不同的陌生人会对面部有丑陋疤痕的人产生怎样的反应。

心理学家们运用刚刚从一名好莱坞著名电影化妆师那里学到的化妆技巧，在每一位自愿者的左脸颊上都精心涂抹上了逼真的鲜血和令人生厌的疤痕。然后用随身携带的小镜子使每名自愿者都看到了自己脸上新增的疤痕，当自愿者们在心中铭记下了自己可怖的"尊容"后，心理学家收走了镜子。之后，心理学家告诉每一名自愿者，为了让疤痕更逼真、更持久，他们需要在疤痕上再涂抹一些粉末。事实上，心理学家并没有在疤痕上涂任何粉末，而是用湿棉纱将刚刚做好的假疤痕和血迹彻底清理干净了。然而，每一名被蒙在鼓里的自愿者却依然坚信，在自己的脸上有一大块儿让人望而生厌的伤疤。

自愿者们被分别带到了各大医院的候诊室，装扮成急切等待医生治疗面部疤痕的患者。候诊室里，人来人往，全是素昧平生的陌生人，自愿者们在这里可以充分观察和感受人们的种种反应。实验结束后，自愿者们各自向心理学家陈述了在不同医院候诊室的感受。他们的感受出奇地一致。自愿者A说："候诊室里那个胖女人最讨厌，一进门就对我露出鄙夷的目光。她都没看看她自己，那么胖，那么丑！"自愿者B说："现在的人真是缺乏同情心。本来有一个中年男子和我坐在同一个沙发上的，没一会，他就赶紧拍屁股走开了。我脸上不就是有一块疤吗？至于像躲避瘟神一样躲着我啊？！这样的人，可恶得很！"自愿者C说："我见到的陌生人中，有两个年轻女人给我的印象特别深，她们穿着非常讲究，像个有知识、有修养的白领，可是我发现，她们俩一直在窃窃地嘲笑我！如果换成是两个小伙子，我一定会挥拳将他们痛揍一顿！"自愿者们滔滔不绝，义愤填膺地诉说了诸多令自己愤慨的感受。他们普遍都认为，众多的陌生人对面目可憎的自己都非常厌恶、粗鲁、缺乏善意,而且眼睛总是很无礼地直勾勾地盯着自己的伤疤。这一实验结果,使得早有心理准备的心理学家们也吃惊不小:人们关于自身错误的、片面的认识,竟然能够如此深刻地影响和改变着他们对外界和他人的感知。

如我们所知,他们的脸上是干干净净的,没有丝毫的疤痕,他们之所以产生这样的感受,是因为他们将"疤痕"牢牢地装在了自己的心里,正是由于心中的"疤痕"在频频作怪,才使得他们自身的言行、对陌生人的感受与以往大为迥异。

事实上,在我们每一个人的心中,纵然没有心理学家为我们设置的"疤痕",但或多或少都会有一些这样或那样的"疤痕",可怕的是,这些心中的"疤痕"都会通过自己对外界和他人的言行,毫无遮掩地展现出来。比如,如果我们认为自己不够可爱甚至令人讨厌、认为自己卑微无用、认定自己有种种缺陷……那么我们在与外界交往中,一定会在不知不觉间用我们的言行反复地进行佐证,直至让每一个人都认定我们确实就是那样的一个人。这个心理实验真切地告诉我们,消极的、不正确的思想和心态危害有多大,同时也从反面印证了一个健康的、积极的思想和心态对人生何其重要。

数颜色法

美国著名心理学家费尔德认为,当你产生不良情绪时,可以立即逃离产生这种消极情绪的情境,寻找一个没人而且安静的地方做练习。首先,认真观察周围的美丽景色,然后在心中默默地自言自语:那是一面白色的墙壁,那是一棵绿色的大树,那是一朵红色的玫瑰……一直描述到12种颜色的事物为止。大约半分钟后,你的大脑便可以恢复正常思考。如果不能离开当时的情境,可以尽可能地数自己周围物体的颜色,或者在心中想象自己见过的各种颜色,以此来消除心中的不快。比如在教室里,可以在心

里默数:前面正中央是一块黑板,左边是一面鲜红的国旗,黑板前面是一张黄色的讲台……

音乐放松法

心理学研究表明,通过音乐的音量、旋律和节奏的变化,可以使人的情绪随之发生改变。不同的音乐会使人产生不同的心理效应,或心情平静,或心情起伏,或心情烦躁,或心情愉悦。当心情不好时,贝多芬的《奏鸣曲》是不错的选择;当心情不安时,一曲《春江花月夜》可以消除忧愁与烦恼。压力大时可以听听轻音乐,多往好处想,想想苦难的过去,珍惜现在的幸福,畅想美好的未来,这样既可消除工作中的烦闷,也可陶冶情操。曼托瓦尼和班德瑞都是世界一流的轻音乐家,他们的天籁之音展现了生活中的诗意,能让我们浮躁的心栖居在诗意的世界里。

转移注意力法

当一个人情绪低落时,往往不爱动,越不动注意力就越不易转移,情绪就越低落,容易形成恶性循环。到室外走一走,到风景优美的环境中玩一玩,会使人精神振奋,忘却烦恼。即便不走出去,改变一下自己所处的环境,也可以使心理状态得到调整。如收拾一下办公室、改变办公桌的布局、点缀一些花草,都不失为一种好办法。还可以做一些适合自己的运动,如打乒乓球、跳绳等。游戏、下棋、听音乐、看电影、读报纸等娱乐活动,也可使人从消极情绪中解脱。另外,回忆以往高兴、幸福的事,也有助于使情绪由消极变得积极。

改变肢体动作法

快速改变情绪的另一个有效方法是改变肢体动作。当你感到压抑时,不要拖着双脚垂头丧气地走路,要像风一样地疾走;不要躬着背坐着,而要挺直身子;不要愁眉苦脸,而要露出笑脸。这样做本身就能够让你感觉良好,可以快速把情绪提升上来,这时候再投入到工作中,将会更有信心,更有效率。

及时巩固法

每当成功地调节了自己的情绪时,就给自己积极正向的评价——"我是能够控制自己的情绪的。"反复的成功和不断的强化能让你变得更加自信,并逐渐产生心理认同:"我是一个能很好控制自己情绪的人,我是一个能帮助同伴减轻压力的好伙伴、好同事,我是一个对自己、学生、家长、学校负责的人,我是一个不断向成熟道路上前进的开拓者。尽管我还有很长的路要走,但我已经开始迈步向前,并取得了些许进步,相信未来的道路即使布满荆棘,我也能慢慢学会平心静气地走过。"

……

面对压力,班主任们不要再烦恼、不要再逃避,当烦恼、困惑向我们涌来时,我们可以用以上适合适切的方法,希望它们能够帮助到曾经因压力而困惑的班主任们,恢复自信、笑对万难。当然,以上这些方法,要根据自己的实际情况选择性运用,认真对待,调整得法,一定可以化消极被动情绪为积极主动的建设性行动,成为新时期最受欢迎的教师。

三、我的素养我提升

> 作为新时期的班主任,我们要提高思想认识,打破传统的建班育人模式,巧妙地把班级心理辅导和日常班主任工作有机地结合在一起,把班级管理者角色和心理辅导员的角色融为一体,从小学生的心理特征出发,通过开展班级心理辅导,使小学生在潜移默化中提高自己的心理素质。

心理辅导≠传统教育

我国的心理健康教育起步较晚，师资培训工作还没有跟上来，因此，许多班主任认为心理辅导和传统教育没有什么区别，只是名称上的不同而已。这种观点是错误的。教育实践证明，现代小学生中暴露出的许多问题，并不是思想品质问题、是非观念问题，而是心理上的问题。

开展心理辅导≠学生心理不健康

从小学班级心理辅导的目的上看，目前最大的误区在于：开展班级心理辅导是因为班中学生心理不健康，所以要对他们进行心理辅导。按照艾里克森的观点，不仅是小学阶段，人生每个阶段都有"危机"和需要完成的发展任务，这些"危机"得到顺利解决，就进入下一个发展阶段，如果没有解决这些"危机"或没有完成该阶段的发展任务，个体的心理发展就会出现迟滞或出现各种各样的问题。进行班级心理辅导的目的，也是解决这些问题，促进学生健康成长，帮助他们适应社会并为以后的发展打下良好的基础。

小学班主任具有丰富的班级、团队活动和班级管理经验，这是开展班级心理辅导的优势和长处，但班主任不能仅仅停留在"经验"的层次上，更为重要的是学习相关理论，通过学习新的知识和反思过去成功或失败的经验，不断提高自己的建班育人能力。

从问题解决来看

心理问题只能用心育的方法去解决，只有较早地预防心理问题的产生，查清学生心理问题的早期倾向和苗头，通过辅导和帮助防患于未然。这些都需要班主任具备一定的心理咨询知识和能力才能完成。因此必要的心理咨询和辅导能力是心育素养不可缺少的部分。

从角色定位上看

班主任不仅是学科教师、班级管理者，还是心理辅导员，因此，学习和掌握一些基本的心理学、教育学知识，是班主任有效地进行心理健康教育的基础和前提。通过学习系统的心理学、教育学、社会学理论和方法，班主任一方面可以更系统、更深刻地了解和掌握学生身心发展的特点和规律，能提供适合学生发展需要的教育，使班主任工作更加有的放矢、事半功倍；另一方面，还为以后的教育科研和自身的发展奠定坚实的基础。

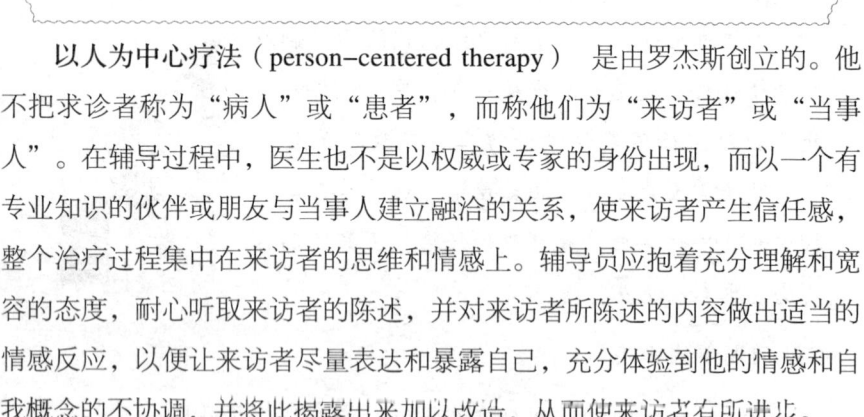

平日里，班主任还可以学一些心理学的技巧和方法，同时将掌握的技术方法运用到班级心理辅导活动中，这样可以大大促进活动中的"人本化"，即把学生作为活动的主体重视，通过活动来促进学生心理的发展。小学班级心理辅导中常用的方法有以下几种。

以人为中心疗法（person-centered therapy） 是由罗杰斯创立的。他不把求诊者称为"病人"或"患者"，而称他们为"来访者"或"当事人"。在辅导过程中，医生也不是以权威或专家的身份出现，而以一个有专业知识的伙伴或朋友与当事人建立融洽的关系，使来访者产生信任感，整个治疗过程集中在来访者的思维和情感上。辅导员应抱着充分理解和宽容的态度，耐心听取来访者的陈述，并对来访者所陈述的内容做出适当的情感反应，以便让来访者尽量表达和暴露自己，充分体验到他的情感和自我概念的不协调，并将此揭露出来加以改造，从而使来访者有所进步。

罗杰斯"以人为中心疗法"中强调辅导者应以一个有专业知识的伙伴或朋友与当事人建立融洽的关系，使来访者产生信任感。可见，它与教育

以人为本的理念是相一致的。

行为疗法（Behavior therapy） 代表人物有拉扎鲁斯、沃尔普、米勒和莫厄尔等人。行为疗法是依据条件反射学说和社会学习理论等行为主义学说为理论基础，以行为为导向，运用正负强化、行为训练、系统脱敏等行为技术手段，来校正来访者问题行为的一种技术和方法。

根据小学生的年龄特点，班主任经常会在班级日常活动、班级管理中进行行为训练。班级心理辅导是在班集体建设中开展的，如果采用"行为疗法"将会十分有效。

现实疗法（Reality Therapy） 是由美国精神病学家威廉·格拉塞所开创的。现实疗法属于认知——行为的治疗，它依赖人的理智和逻辑能力，以问题为中心，以现实合理的途径求得问题的解决；它注意思维和行为，较少直接针对情感和情绪。它强调现在和将来，而不纠缠于过去，重视"怎么办"，而不是"为什么"；它反对以医学的或"疾病"的模式来看待人的心理困难，而强调人的自主自立，自己对自己负责这些品质的作用；它也重视咨询者和来访者之间的关系，主张咨询者要"卷入"关系，但它不像以人为中心疗法那样让咨询者采取一种被动、支持的姿态，而允许咨询者更积极主动，更多一些指导。现实疗法很容易被形形色色的做人的工作的人士所掌握，尤其是在学校咨询和辅导中大受欢迎。

"现实疗法"重视"怎么办"，而不是"为什么"。对于小学生来说，他们的抽象逻辑思维在很大程度上仍是直接与感性经验相联系的，具有很大成分的具体形象性。因此，当遇到事情时你教会他具体的办法比告诉他为什么更重要。另外，通常心理咨询更多的是强调咨询者不能卷入来访者的关系中，不能带有主观情绪。而"现实疗法"则主张咨询者要"卷入"关系，这样做有利于建立良好的师生关系，辅导也会更有影响力。

总之，班主任是最适宜也最有可能把小学班级心理辅导开展好的重要角色。因此,班主任要积极主动地学习心理学、教育学、社会学理论;尽早掌握开展班级心理辅导操作技术和方法,培养较高的"心育"素养,并持之以恒地对学生开展班级心理辅导。只有这样才能卓有成效地解决自己工作中出现的新问题,使班主任工作再上一个新的台阶。

参考文献

[1] 吴增强，沈之菲.班级心理辅导[M].上海：上海教育出版社，2001:2.
[2] 卓淑瑾.如何开展班级心理辅导[J].中小学心理健康教育，2004（9）:24．
[3] 张冬梅.大学班级心理辅导活动的设计与评价[J].教育探索，200（4）:104-105．
[4] 钟志农.班级心理辅导必须注意的六个问题[J].人民教育，2002（10）:50-52．
[5] 徐丹露.班主任工作与班级心理辅导结合的实践[J].班主任之友:中学版，2011（4）:45-46．
[6] 张冬梅，罗胜利.班级团体心理辅导实施中的问题与思考[J].中小学心理健康教育，2012（6）:20-2．
[7] 卓淑瑾.如何开展班级心理辅导[J].中小学心理健康教育，2004（9）:24．
[8] 教育部：《中小学德育工作规程》第一章第二条．
[9] 北京市西城区心理研究室.抓好心理健康教育的基础工程[J].中小学心理健康教育，2004（4）．
[10] 龚浩然，黄秀兰．班集体建设与学生个性发展[M]．广东：广东教育出版社1999：45.
[11] 马卡连柯．马卡连柯全集（第五卷）[M]．北京：人民教育出版社1956：491.
[12] 片岗德雄．班级社会学[M]．贺晓星，译．北京：北京教育出版社，1993：145.
[13] 高洪源．班级管理要有利于学生个性的"觉醒"和发展[J]．教育理论与实践，2002，8：53—55.
[14] 鑫辉．心理学通史（第五卷）[M]．济南：山东教育出版社，2000：433.
[15] 列昂节夫．活动意识个性[M]．李沂，等，译．上海：上海译文出版社，1982：8.

后 记

在撰写的过程中，我深深地体会到在班级开展心理辅导势在必行，且任重道远。作为一线教师，特别是班主任，应当将所学的心理学知识、心理辅导技术融入班级辅导中，积极探索行之有效的辅导途径与方法，努力开创小学班级管理的崭新局面。

经过几个月的努力，我的书稿终于完成了。期间每一个环节对我来说都是新的挑战与进步，通过这样的历炼使我真正理解了做学问是一件需要脚踏实地用心去做的事情。然而由于自身能力和水平有限，在努力之余总觉得书中还有一些不尽如人意的地方，加之缺少足够的心理学专业知识，因此，有些问题思考得还不够深入。在今后的学习和工作中，我将继续努力，进一步提升自己的能力和水平，对小学班级心理辅导做进一步深入探索与研究。不足之处尚多，敬请专家、同行指教！

本书从选题立意，谋篇布局至定稿成文，处处凝聚着尊敬的黄静华、戴耀红两位导师的汗水和心血。它的完成，使我的理论水平和逻辑思维能力得到了很大的提高，让我在未来的学习和工作中受益匪浅。在此，我满怀崇敬之情，向导师们表示深深的谢意。

同时，我也要感谢第三期"上海市普教系统名校长名师培养工程"德育学科二组给我这次学习知识、提升自我的机会。五年的时间虽然短暂却难以忘怀，这将是我人生中的一笔宝贵财富。在此期间，我还有幸得到了基地各位学员的帮助，大家渊博精深的学识及严谨的治学态度将永远是我学习的典范。

最后，真诚地感谢家人给予我的支持和鼓舞，你们是我前行的动力。

第三期"上海市普教系统名校长名师培养工程"德育二组学员　戴璐
2016年10月